边玩边学
SCRATCH 3.0
少儿趣味编程

主　编：刘金鹏

副主编：刘丽娟　余江林

U0352358

浙江摄影出版社

全国百佳图书出版单位

Scratch 入门课程开发团队成员介绍

Scratch 入门课程开发团队成员来自五湖四海，他们致力于 Scratch 编程及创客入门课程开发，为一线教师提供微视频、课件、教学设计等相关资源，为普及编程和创客教育尽一份力量。

刘金鹏

Scratch 入门课程开发团队负责人。多年来从事中小学创客教育普及推广工作，辅导多名学生获得全国性校园创客大赛一等奖，出版"边玩边学 Scratch"系列、《来吧，一起创客》等创客教育专著，多篇文章发表于《中小学信息技术教育》等报纸杂志。

邓昌顺

北大新世纪温州附属学校信息技术教师，创客教育普惠行动课程合伙人，Scratch 信息学联赛学术委员会委员，多届全国青少年创意编程大赛评委。开发有《Scratch 趣味编程》校本课程、创客教育普惠课程《Scratch 数字故事篇》等。

余江林

四川省成都市温江趣猫坊负责人，毕业于电子科技大学，电气专业中级工程师。创客教育普惠行动课程合伙人。"蓝桥杯"全国 Scratch 创意编程比赛专家组成员，"好好搭搭杯"全国 Scratch 信息学联赛技术顾问。

刘丽娟

山东省荣成市寻山街道中心完小信息技术教师。多年来一直从事小学信息技术教学工作，热衷于创客教育，辅导学生多次获得省电脑制作大赛及创客大赛奖项，对 Scratch 课程构建与实施有一定的实践经验。

宋圆

湖北省广水市第二实验小学信息中心主任，湖北省机器人选拔赛裁判员，积极探索交互白板、创客教育、STEM 在教学中的应用。曾获湖北省信息技术说课一等奖，"长江杯"微课大赛一等奖，在国家级刊物上发表论文。

叶春霞

青海省西宁市城北区花园小学信息技术教师。坚持将 Scratch 运用于信息技术课堂教学，在校内成立"智慧星"小创客联盟，借鉴发达地区的智慧和经验，与孩子们一起开始奇妙的 Scratch 创意编程之旅。

阳萍

四川省成都市青羊实验中学附属小学信息技术教师。常年从事小学信息技术教学，曾获成都市信息技术赛课一等奖。近年来致力于 Scratch 创客教学和研究，并参与"成都市中小学创新课程的研究与开发"课题研究，在校内组织 Scratch 创客空间社团活动，辅导学生多次参与省市区及全国创意编程并获奖。

徐艳

安徽省合肥市第四十八中学滨湖校区教师。针对计算机编程零起点的三年级学生，组织开展 Scratch 编程社团，承担合肥市包河区少儿编程试点的授课教学任务。

汪运萍

安徽省宁国市实验小学信息技术专职教师，2016 年开始接触 Scratch 编程教学，现担任学校趣味编程社团辅导教师，热衷于少儿编程教学。

卢素云

天津市滨海新区汉沽中心小学信息技术教师。在校内开设趣味编程社团活动，辅导多名学生参加 2018 年"第四届天津市青少年科技创意设计竞赛"，获低年级组一、二等奖。

刘永静

山东省威海市码头小学信息技术教师，多年来一直从事信息技术教学工作。近年来在学校开展 Scratch 编程教学及 3D 打印教学，多次辅导学生参加省市组织的中小学电脑制作大赛，获得一、二等奖。

韩汝彬

辽宁省沈阳市辽沈街第二小学教师，全国"十佳科技教育创新学校"德育主任，优秀机器人教练员，全国科学影像节优秀辅导教师，省市级十佳优秀科技辅导员，沈阳市优秀科技工作者，沈阳市青少年机器人竞赛总裁判长。

韩雷

辽宁省盘锦市润贝机器人科技有限公司创始人，电子工程师，机器人教师，拥有多项实用新型专利。教授 Scratch、Arduino、乐高 Ev3 等课程，曾辅导学生多次参加全国机器人比赛项目并获得奖项。

刘丽娟

山东省荣成市寻山街道中心完小信息技术教师。多年来一直从事小学信息技术教学工作，热衷于创客教育，辅导学生多次获得省电脑制作大赛及创客大赛奖项，对 Scratch 课程构建与实施有一定的实践经验。

宋圆

湖北省广水市第二实验小学信息中心主任，湖北省机器人选拔赛裁判员，积极探索交互白板、创客教育、STEM 在教学中的应用。曾获湖北省信息技术说课一等奖，"长江杯"微课大赛一等奖，在国家级刊物上发表论文。

叶春霞

青海省西宁市城北区花园小学信息技术教师。坚持将 Scratch 运用于信息技术课堂教学，在校内成立"智慧星"小创客联盟，借鉴发达地区的智慧和经验，与孩子们一起开始奇妙的 Scratch 创意编程之旅。

阳萍

四川省成都市青羊实验中学附属小学信息技术教师。常年从事小学信息技术教学，曾获成都市信息技术赛课一等奖。近年来致力于 Scratch 创客教学和研究，并参与"成都市中小学创新课程的研究与开发"课题研究，在校内组织 Scratch 创客空间社团活动，辅导学生多次参与省市区及全国创意编程并获奖。

徐艳

安徽省合肥市第四十八中学滨湖校区教师。针对计算机编程零起点的三年级学生，组织开展 Scratch 编程社团，承担合肥市包河区少儿编程试点的授课教学任务。

汪运萍

安徽省宁国市实验小学信息技术专职教师，2016 年开始接触 Scratch 编程教学，现担任学校趣味编程社团辅导教师，热衷于少儿编程教学。

卢素云

天津市滨海新区汉沽中心小学信息技术教师。在校内开设趣味编程社团活动，辅导多名学生参加 2018 年"第四届天津市青少年科技创意设计竞赛"，获低年级组一、二等奖。

刘永静

山东省威海市码头小学信息技术教师，多年来一直从事信息技术教学工作。近年来在学校开展 Scratch 编程教学及 3D 打印教学，多次辅导学生参加省市组织的中小学电脑制作大赛，获得一、二等奖。

韩汝彬

辽宁省沈阳市辽沈街第二小学教师，全国"十佳科技教育创新学校"德育主任，优秀机器人教练员，全国科学影像节优秀辅导教师，省市级十佳优秀科技辅导员，沈阳市优秀科技工作者，沈阳市青少年机器人竞赛总裁判长。

韩雷

辽宁省盘锦市润贝机器人科技有限公司创始人，电子工程师，机器人教师，拥有多项实用新型专利。教授 Scratch、Arduino、乐高 Ev3 等课程，曾辅导学生多次参加全国机器人比赛项目并获得奖项。

傅悦斐

中学信息技术教师，东莞意童少儿编程课程体系设计者，有大型电子商务网站开发经验，学员作品（创意编程和 3D）多次获得东莞市教育部门的奖项，擅长 Scratch，C++，Python 等程序语言和创意 3D 设计。

刘兵

徽派创客工作室创建人和负责人，以"既有高度又有温度"的理念致力于青少年科技活动教育。曾辅导学生参加全国青少年科技创新大赛，获得全国十佳科技实践活动奖项，也曾多次获得各类科技活动全国奖项。

顾黄凯

江苏省启东市海复小学信息技术教师，南通市小学信息技术学科专家组成员。2015 年起开设 Scratch 课程与机器人社团活动，从事小学创客教育普惠工作，辅导多名学生获得南通市教育机器人、物联网比赛一等奖。

詹泞澴

四川省宜宾市天立国际学校初中部信息技术教师，自 2017 年开始接触 Scratch 编程教学，现担任学校"猫迷俱乐部"社团辅导教师，一直牢记"计算机从娃娃抓起"的职业使命，立志上好每一堂儿童编程课。

厉群

浙江省慈溪市掌起镇中心小学信息技术教师，2013 年起担任信息技术教学工作，曾获慈溪市小学信息技术基本功一等奖、教坛新秀二等奖等。作为年轻教师，努力把 Scratch 变成学生发挥创意的舞台，深受学生喜爱。

梁昕昕

浙江省嘉兴市碏溪教育集团信息技术专职教师，从 2014 年开始接触 Scratch，一直在学校开设 Scratch 趣味编程拓展课程，主要开展小学生喜爱的游戏程序设计教学活动。

张丽

辽宁省朝阳市双塔区燕都小学信息技术教师，现担任 3 ~ 6 年级信息技术教学工作。从 2016 年开始接触 Scratch 编程，并对 Scratch 编程产生兴趣。在学校信息社团中开设了 Scratch 编程课，与孩子们一起去探究。

朱济宇

江苏省南京市浦口实验学校信息技术教师。现担任学校 Scratch 兴趣小组指导教师，辅导学生获市级比赛奖项。

巫海军

江苏省镇江市丹徒区石马中心小学信息技术教师。热衷于 Scratch 创意编程教学，多年来一直从事中小学创客教育普及推广工作，辅导多名学生参加全国中小学生网络虚拟机器人创新设计竞赛并获奖，获得优秀辅导教师称号。

赖丽梅

广东省中山市板芙镇深湾小学专职信息技术教师，自 2016 年开始接触 Scratch 教学，致力于研究适合小学生的 Scratch 教学模式。

钱信林

上海对外经贸大学附属松江实验学校信息科技教师，有近 10 年机器人与编程教学经验，曾独立主持上海市虚拟机器人创新实验室。多次辅导学生参加国家级、市级机器人及编程类等比赛，累计获奖逾百项。

马月星

新疆乌鲁木齐市第 68 中学信息技术教师，辅导学生参加各类信息技术比赛，历年都有学生获得国家级、自治区级奖项。从 2015 年开始接触 Scratch，在社团课中开展教学。编写了 Scratch 和 Arduino 创意编程校本课程，发表了多篇论文。

张浓芳

浙江省余姚市姚北实验学校信息技术教师。从 2011 年开始一直从事 Scratch 趣味编程的拓展教学工作，相关的课题、论文、公开课、指导学生电脑作品在余姚市内获过奖项。现担任校趣味编程社团辅导教师，热衷于少儿编程教学。

朱春健

江苏省海门实验学校附属小学教师，曾获南通市小学信息技术青年教师基本功竞赛一等奖，辅导多名学生获得江苏省青少年机器人大赛一等奖，多篇文章发表于《中小学电教》等报纸杂志。

高文光

内蒙古自治区鄂尔多斯市东胜区东青小学信息技术教师。辅导多名学生获得国家级、省级、市级编程类奖项若干，多次担任 Scratch 大赛的评委，在青少年编程领域有较为丰富的经验。

彭程

湖南省衡阳市雁栖湖成龙成章学校电脑编程教师、学校编程俱乐部教师。曾多次组织学生参与信息技术学科竞赛，2015 年获得国际青少年机器人奥林匹克（WRO）华南赛区二等奖，2016 年获得湖南省中小学机器人竞赛小学组一等奖，被评为"优秀指导老师"。2018 年起指导学生参加编程比赛，多人次获奖。

李花

一直从事小学生创客教育普及推广工作，参与机构 Scratch 课程规划，并参与学校编程社团的建设和授课，总结学生课堂内外的各类问题，不断改进和学习。

柏肇勇

山东省淄博市高新区第五小学信息技术教师。负责学校电教和信息技术教学等工作，于 2015 年开展 Scratch 趣味编程社团，2018 年参加 NOC 微课程制作，并获得二等奖。

商灿

重庆市九龙坡区西彭园区实验小学信息技术教师。曾多次辅导学生参加中小学电脑制作活动比赛、NOC 大赛并获奖。自 2016 年接触 Scratch，目前主要负责 3 ～ 6 年级编程教学及学校"趣味编程"社团工作，曾多次指导学生参加市区级创意编程大赛并获奖。

孔丽娟

山东省荣成市幸福街小学科技教师。从 2017 年开始学习编程，曾参与开发小学信息技术泰山版教材及树莓派系列微课。希望借助团队的力量，促使自己能有更大的进步，并为 Scratch 编程学习尽自己的绵薄之力。

黄岭

四川省成都市青白江区大弯小学信息技术教师。从 2015 开始从事 Scratch 编程教学；2017 年开始从事基于 Arduino 的创客教学；2019 年辅导学生参加四川省中小学生创客竞赛，荣获小学组一等奖。

朱阳

四川省成都市达芬奇少年创客俱乐部少儿编程老师，新都图书馆少儿编程公益课讲师，桂湖小学少儿编程社团辅导老师，曾带队参加"蓝桥杯"全国青少赛获成都市赛一、二、三等奖，四川省赛一、二、三等奖等荣誉。

师说

刘金鹏老师：能够有这么一个机会带着全国各地自发组织的三十余位一线教师研究和开发 Scratch 入门课程是我的梦想和骄傲。一直以来，我和伙伴们有一个美好的约定，就是让我们研发的课程进入每一所学校和每一个家庭，让每一个孩子都能接触到 Scratch 编程，让他们像写作和绘画一样通过 Scratch 来表达自己的情感。在这样一个优秀的团队中，大家一起学习，共同成长，远行的路上我们一起与梦想为伴。

邓昌顺老师：人工智能时代来临，编程教育随之兴起，但优秀的课程资源十分紧缺。没有满意的课程，那就自己来创造课程。一群来自全国各地、怀着普及编程教育之心的一线教师，因"创造"而聚在一起。我们拥有同一个梦想，共同书写这本书，愿编程教育走进每一所学校，走进每一个家庭，惠及每一位学生。创造，让梦想实现。

余江林老师：通过"边玩边学 Scratch"系列丛书，我结识了刘金鹏老师，并有幸加入了 Scratch 入门课程开发团队。这个团队聚集了众多优秀的一线教师，带来了全国各地的教学经验。在刘金鹏老师的引领下，大家投入紧张而有序的课程研发探索之中。与普通技术交流群不同，我们这个团队每人每月都要完成任务，都要为团队的进步贡献自己的力量。大家在一个总的框架下自由发挥，真正达到了同课异构的效果。我们不再是单纯的索取知识，更多的是分享和创造。感谢这个团队！愿与大家一路同行！

汪运萍老师：一个人走路，时常会孤寂、彷徨。一群志同道合的人走路，目标清晰，步伐坚定。怀抱着相同的初心，天南地北的我们加入了 Scratch 入门课程开发团队。共享资源、交流分享、制作课件……一路走来，从最初的完成任务得积分，到一遍遍的精心揣摩、制作微课，我享受着每一次任务所带来的挑战和磨砺，也为自己小小的进步而感到快乐，为团队交流中迸发的创意灵感而兴奋，为一颗颗简单纯粹的心而感动。因为追梦，所以有缘千里来相聚。一路同行，繁星满天，陌上花开。

韩雷老师：少儿编程的重要性已经不言而喻，而 Scratch 编程软件作为众多编程软件中的杰出代表，由于目前与其配套的课程内容不成体系，不能很好地适应实际教学，课程研发工作又涉及广泛的内容，仅凭一己之力很难做到精致。我很荣幸能加入 Scratch 入门课程开发团队，团队成员群策群力，为这本书的出版而不懈努力。这本书凝聚了三十几位老师的心血，只希望我们能够为中国的少儿编程事业贡献点滴之力。

刘永静老师：非常感谢刘金鹏老师给我提供了这样一个平台。团队给大家提供了很多资源，同课异构让我看到了不同的设计思路。团队每个月都有教学设计任务，让我们时刻感受压力，同时也让大家以此为动力来挖掘自己的潜力，为了一个更好的创意而绞尽脑汁去设计每一节课。开放性的任务，给了我们更多发挥想象的机会。

厉群老师：少儿编程越来越被大家所熟知，如果有家长问我小学阶段编程学什么好，我会推荐 Scratch。目前，越来越多的学校开设了 Scratch 拓展课程，那么 Scratch 课程到底该怎么入门呢？我很幸运遇到了刘金鹏这位富有创意又有教学情怀的老师，他带领我们这群来自五湖四海、同样富有教学激情的老师，共同开发了这门课程。本书适合初学 Scratch 的孩子，语言通俗易懂，编程实例丰富有趣，能带领孩子进入奇妙的编程世界！

马月星老师：加入由刘金鹏老师牵头的 Scratch 入门课程开发团队后，我对 Scratch 萌生了强烈的兴趣。刘老师使用我们平时在信息技术课中经常采用的任务驱动方式督促大家，让我在短短几个月内进步明显，收获颇丰。大家集思广益设计出了团队的 LOGO、PPT 模板和微课等。我将课程应用于学校少年宫社团，学生们非常喜欢，尤其在每节课的自由创作时间里，学生们通过不断地修改创新，都创作出了自己满意的作品。

卢素云老师：我曾经感觉自己像是漂泊在海中的一只孤舟，茫然、无措，不知道该如何开展 Scratch 编程教学。感谢遇见，我很幸运地遇见了 Scratch 入门课程开发团队，并有幸加入其中，就好像一只找到了港湾的船，终于让自己有了一个"家"。团队成员来自祖国各地，可谓是八仙过海，各显神通，这个大家庭让我找到了努力的方向，大家无私地交流分享，让我受益匪浅，也让我的课堂越来越丰富多彩。

赖丽梅老师：学校组建了 Scratch 编程社团，我是第一次接触这个社团，正发愁该如何开展。很幸运，我加入了 Scratch 入门课程开发团队这个大家庭，在这里我总能感受到一种向上的力量。在团队老师的引领下，我一步一个脚印跟着开展教学活动，受益匪浅。看着团队里的老师对同一个知识点反复推敲，为同一个教学内容各出其谋，我真的很感动。虽然我们之前互不相识，却因同一份热爱而相聚。感恩相遇，也非常感谢各位同行带领我在编程教学道路上继续前行！

阳萍老师：少儿编程教育，教的不仅仅是编程，还有发散的思维和创造的能力。一个人闭门造车常常会造成思维桎梏，缺乏想象力。加入 Scratch 入门课程开发团队后，我认识了一群特别有活力和想象力的老师，大家一起学习，一起做任务，在相似的知识领域上相互探讨，就好像找到一群知己，共同探究教学，共同进步。很荣幸能够加入这个强有力的团队，希望在共同学习的道路上越走越远。

刘丽娟老师：Scratch 的优势是给孩子们提供尽可能方便的工具，充分发挥他们的想象力，让他们天马行空地尽情创作。在创作的过程中，孩子们不仅能学到计算机程序设计的基本方法、动画制作的基础知识，而且还能进一步深入体会自然语言与人类的共同语言，使数学体系中的计算思维、逻辑思维得到有效提升。总之，学习 Scratch 对孩子们的语文、数学、外语等学科的学习都有极大的帮助。

黄岭老师：一个人可以走得很快，但一群人可以走得更远。很多学校信息技术教师的现状都是单打独斗，我也不例外。加入 Scratch 入门课程开发团队的这段时间里我感受到了组织的温暖，每次提交课程设计时总能看到很多不一样的设计，激发了自己创作的灵感。教学中如果遇到了问题，我也不再像以往一样迷茫很久，只要说出来和大家聊一聊，便能豁然开朗。感谢刘金鹏老师的组织，让我们一起互相帮助互相学习，走得更远。

彭程老师：很开心能有机会加入 Scratch 入门课程开发团队。与 Scratch 结缘于《边玩边学 Scratch3：Scratch 儿童趣味游戏与动漫设计》这本教材，因为它，孩子们爱上了我的编程课，同时我也爱上了 Scratch。在过去两年的教学中，我孤军奋战遇到过很多难题，购买过非常多的相关书籍，包括寻找适合小学生学习的教材。我们团队从基础的 Scratch3.0 入门编程实验课入手进行课程开发，我也会努力跟上大家的步伐，争取不掉队。感谢团队中的每一位老师，你们是我学习的榜样，是我前进的动力！

目录

第一课　认识计算机（鼠标）　/ 2

第二课　认识计算机（键盘）　/ 8

第三课　神奇的 Scratch3.0　/ 14

第四课　海底世界　/ 22

第五课　小猫跳房子　/ 32

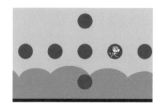

第六课　一起来踢球　/ 36

第七课　射门高手　/ 42

第八课　小猫捉老鼠　/ 46

第九课 小猫闯迷宫 / 52

迷宫

第十课 小猫做加法 / 58

第十一课 小猫接甜甜圈 / 62

第十二课 小猫闯密室 / 72

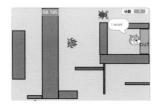

第十三课 小猫学绘画 / 80

第十四课 会聊天的小猫 / 88

第十五课 水果切切切 / 92

第十六课 挑战肺活量 / 102

附　录　教你一招：用 PowerPoint
绘制作品角色 / 112

开启你的编程之旅吧！

认识计算机（鼠标）

　　小朋友，计算机的用处可大啦，可以用来听音乐、看电影、玩游戏、查资料、做记录、美化图片、聊天、购物、编程，还有动画片中那些你喜爱的角色也是用计算机制作出来的……哈哈，它几乎无所不能呢！说了这么多，你想认识它吗？让我们一起来揭开计算机神秘的面纱吧！

1. 认识计算机

你瞧，以下都是计算机，它们的样子虽然有些不一样，但都是由主机、显示器、键盘、鼠标等部件组成的。

显示器　　　　　　　　　　　　　　显示器

键盘　　　　　　　　　　　　　　键盘

鼠标

2. 启动计算机

想让计算机为你工作吗？快在主机上找到 ⏻ 按钮，它就是计算机的电源开关。

台式机
电源开关

笔记本
电源开关

轻轻按一下，你发现了什么？

启动计算机，我们也叫开机。

开机后，我们看到的画面叫桌面，桌面上的小图形叫图标，最下方的长条叫任务栏。

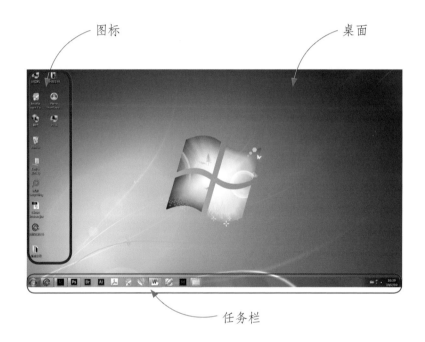

图标

桌面

任务栏

想不想打开桌面中的图标看看？别急，想要打开这些图标，你要先学会使用鼠标。

3. 鼠标的操作方法

鼠标是我们学习使用计算机时最主要的伙伴之一。正确的握法是右手食指放于左键，中指放于右键，无名指、小指和拇指分别握住鼠标两侧。用

手指按鼠标左键一下叫作"单击"；快速、连续用手指按鼠标左键两下，叫作"双击"；在鼠标右键上按一下就是"右击"；按住左键不放，移动鼠标到指定位置后松开左键，这个操作叫作"拖动"。小朋友，有时间多练习一下鼠标的使用，熟悉使用鼠标是我们学好编程的前提。

鼠标的正确握法

左键　　　滚轮　　　右键

①将鼠标指针移动到桌面图标上，观察发生的变化。

②用鼠标双击的方法打开 Scratch3.0 应用程序。

双击打开
Scratch3.0
应用程序

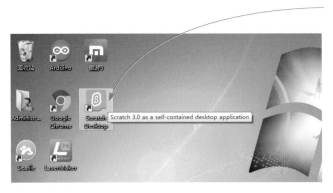

小提示：必须是快速、连续地双击左键，否则相当于对鼠标进行了两次单击操作。

③指令积木区有很多指令块，按住鼠标左键先将选中的指令块拖动到中间空白的脚本区，然后再将该指令块拖回到指令积木区。

4. 认识窗口

指令积木区　　　　　　　　脚本区

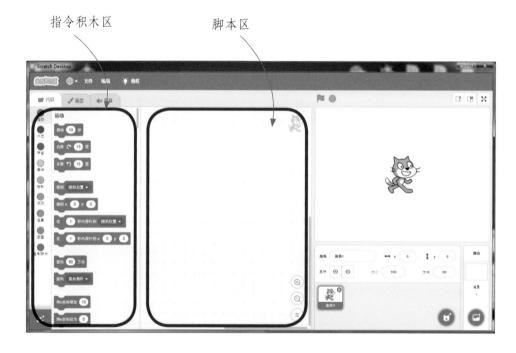

上述画面呈现的就是 Scratch3.0 程序窗口。

单击右上角的 回 按钮可以将窗口最大化。单击 □ 按钮则会将窗口缩小至最下面的任务栏中，在任务栏上再单击一下，窗口就会立马回来。单击右上角的 X 按钮，如果之前没有对文件做任何改动，则窗口直接关闭，

否则会跳出对话框询问是否需要保存，选择"Leave"不保存就可以将窗口关闭了。

藏在这里了！

5. 关闭计算机

　　每次使用完计算机后，要关闭计算机让它"休息"，通常我们叫作"关机"。在计算机关机过程中不可以直接切断电源，否则不仅会丢失计算机中的数据，还会缩短计算机的使用寿命。如果是台式机，则应先关闭主机，再关闭显示器。

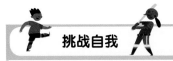

挑战自我

　　①用鼠标左键拖放的方法改变 Scratch3.0 程序窗口的大小。

　　提示：缩放窗口时，移动鼠标至窗口的右上角，出现 ⤢ 标志时再拖动。

　　②将 Scratch3.0 程序窗口缩小后移至另一个地方。

　　提示：移动窗口时，鼠标指针放在窗口最上面的标题栏处。

第二课

认识计算机（键盘）

和鼠标一样，键盘也是我们学习使用计算机的好帮手。我们可以利用它来输入字符或数字。仔细观察一下你的键盘，说说你都认识哪些键。

1. 认识键盘

为了方便我们更好地使用键盘，键盘的设计者按照功能的不同，将键盘分为五个区域，分别是功能键区、主键盘区、编辑键区、指示灯区和小键盘区。以常见键盘为例，如下图所示。

主键盘区是平时使用最多的区域，主要由大写英文字母、数字及一些特殊符号组成。让我们一起来体验一下这些按键吧！

打开 Scratch3.0 应用程序，将"外观"指令类中的 说 你好！ 2 秒 指令拖拽到脚本区，鼠标单击"你好！"文本框，然后在键盘中找到"ZHI""MA""KAI""MEN"等字母，并输入文本框中，拼出来后看看你输入的是什么暗语。

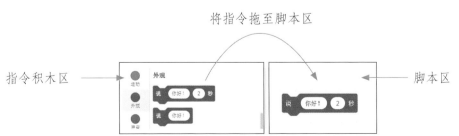

试一试

用鼠标单击刚刚写上英文字母的那个指令块，看看会发生什么。指令块的四周多了一圈黄色的线条，表明该指令此时正在运行。

黄色线条

说 zhimakaimen 2 秒

再看舞台上的小猫，它说出了你刚才通过键盘输入的"芝麻开门"的拼音字母。恭喜你，你已经可以编写程序让小猫说话啦！

好学的你一定有个小小的疑问，为什么我们输入的字母与键盘上显示的字母不一样呢？这是因为大多数电脑的操作系统默认的是英文输入法，直接敲击键盘输出的是小写字母，如果你要输入键盘上显示的大写字母，

只需要按下键盘上的"Caps Lock"键，这个键叫作"大小写锁定键"。当按下"Caps Lock"键后，键盘上的大小写指示灯会亮起来，实现输入大写字母；再次按下此键，就会关闭大写功能，实现输入小写字母，同时指示灯熄灭。

你可以试着用大写字母拼写你的名字！

虽然我们刚刚输入了部分字母，但是想成为真正的打字高手，就一定要牢记下图中的手指分工！键盘中的"A""S""D""F""J""K""L"";"

八个键被称为基准键。打字时，把八根手指放在基准键上，左手食指放在"F"键上，右手食指放在"J"键上，其余手指依次排开，两个大拇指放在空格键上。每个手指"司令"都有自己应该负责的"兵"以及管辖的区域，千万不要越权。只要按此规则不断练习，相信你一定会成为名副其实的盲打高手。

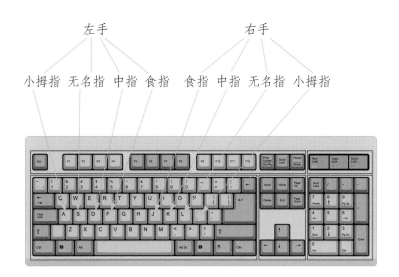

2. 输入数字

在编写程序时，我们经常需要在指令块中输入一些数字，比如下面指令块中的数字就表示小猫角色的大小。

将指令块中的数字"100"改为"50"，再次单击该指令块，看看小猫角色发生了什么变化。小猫角色是不是只有原来的一半大小了？恭喜你，你已经学会改变角色的大小了。

有些数值还包含小数点。小数点在键盘上的位置如下图所示。如果不小心输错了怎么办？按一下键盘上的"Backspace"退格键就可以删除，然后再重新输入。

小数点   退格键

有些键盘的最右边还有一个专门的数字小键盘，也可以用来输入数字和小数点。

3. 输入特殊符号

有时候，我们需要输入一个特殊的符号，比如"！"。但是，当我们按下键盘上的这个键位时，屏幕上显示的却是"1"，这是为什么呢？

原来键盘上有一些键比较特殊，叫作双字符键，比如，█ 键上有两个字符"！"和"1"。"！"在 █ 键的上面，叫上档字符。要输入上档字符，需要 "Shift"键来帮忙。快找找，键盘上有几个"Shift"键？按住任意一个 ⬆Shift 键不放，然后再按下双字符键，就可以输入上档字符了。

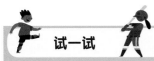
在 Scratch 软件的"说"指令块中分别输入"ok！""5.3""How are you?"。其中，第三个英文语句中空白的地方用空格键来输入，如下图所示。

空格处按下空格键

空格键

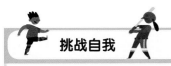
挑战自我

悟空跟着师父学咒语，师父先说一遍，悟空重复一遍。请你在下面的"说"指令中输入相应的字符，并点击绿旗进行验证。

神奇的
Scratch3.0

Scratch 是一款面向少年儿童的图形化编程工具，可以用来创作游戏、制作动画、编故事、弹奏音乐、控制硬件等。Scratch 以搭建"积木"的形式进行编程，通过拖拽、组合等方式，轻松实现作品的创作。Scratch 的版本也在不断地升级优化，由最初的 1.4 版本升级到 2.0 版本，再到今天的 3.0 版本，以下的课程我们以 Scratch3.0 为基础来进行学习。

1. 初识 Scratch3.0

双击桌面上的图标 ![icon]，启动并认识 Scratch3.0 软件的界面。

启动软件后，舞台表演区内已经有一只小猫角色在等待"演出"了！通过观察角色区，我们可以知道有哪些角色在舞台上。当角色区内的某个角色被选中时，角色区上方的信息区会显示与该角色相关的一些功能，如下图所示。

信息区

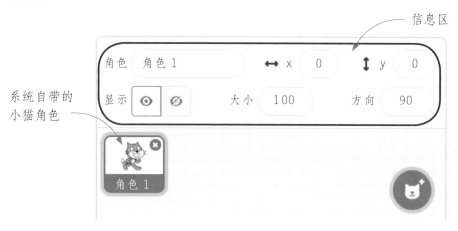

系统自带的
小猫角色

知识加油站

角色　角色1	点击"角色1"文本框，可以修改角色的名字，比如"cat""小猫咪"……
↔ x ⓪　↕ y ⓪	利用坐标快速找到角色在舞台上的准确位置，其中（X:0,Y:0）是舞台的中心。试着拖动舞台上的小猫，观察 X 和 Y 的变化规律。
显示 ⊙ ⊘	两个按钮分别让角色显示或隐藏。

大小 100	只需输入一个具体数字就可以改变角色的大小，注意：角色的默认大小值是"100"。
方向 90	显示角色当前面向的方向。每单击一次数字框，就会出现如下画面，用鼠标拖动 ➡，可以改变角色的面向方向。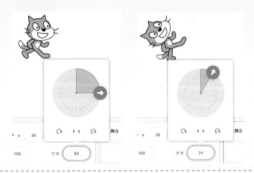
↻ ▸◂ ∅	三个按钮分别表示任意旋转（角色可以旋转到任意角度）、左右翻转（角色只能翻转到右边或左边）和不旋转（角色不能旋转）。

试一试： 先点击 ↻ 按钮，然而用鼠标拖动 ➡，再按同样的顺序分别点击 ▸◂ 和 ∅，观察这三种情况有何不同。

小贴士

　　Scratch 舞台表演区内的任何一个点都可以用两个数字的组合来表示，即坐标。小猫角色的位置也可以由坐标来表示。其中，X 坐标表示水平方向的位置，Y 坐标表示竖直方向的位置，舞台中心的坐标默认为（X:0,Y:0）。如果小猫角色的 X 坐标值为正数（负数），那么该角色在舞台中心的右边（左边）；同理，如果小猫角色的 Y 坐标值为正数（负数），那么该角色在舞台中心的上方（下方）。舞台上的角色被选中时，信息栏上会显示该角色的当前坐标。

2. 添加角色

那么，我们如何才能添加一个新角色呢？鼠标移至角色区的 按钮，如右图所示，有四种获得新角色的方法。

知识加油站

 	从软件提供的角色库中选择一个合适的角色。
	自己绘制一个角色。
	舞台上会随机出现一个新角色。
上传角色	从计算机中选取一张自己喜欢的图片上传到舞台上作为角色。

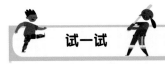

试一试

从软件提供的角色库中选择一个自己喜欢的角色导入舞台。先选择分类按钮，再单击你喜欢的角色，如下图所示。

点击"动物"主题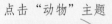

选择"Beetle"角色

现在，舞台上除了默认的小猫角色，还多了一个你刚才选中的角色，角色区中也会出现与该角色对应的图标。

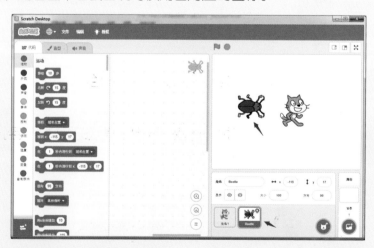

哈，添加角色是不是很简单？你可以试着添加更多的角色。

你也可以点击 角色图标右上角的"×"来删除不需要的角色。

3. 添加背景

鼠标移至舞台背景区的  按钮，
同样也有四种方法导入一个舞台背景，
如右图所示。

点击 [选择一个背景] [🔍] 按钮，在"户外"主题中选择一张图片导入舞台。

点击"户外"主题

选中"Blue Sky"图片

选择指令区左上角的"背景"标签，如下图所示，可以对所选择的背景进行美化或修饰。同样，也可以点击背景图标右上角的"×"来删除当前背景。

点击"背景"标签

点击"×"
删除背景

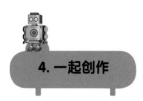

试一试

用鼠标分别拖动舞台表演区内的小猫角色和舞台背景，你有什么新发现？

4. 一起创作

确定一个自己喜欢的主题，选择与主题相适应的背景图片及角色组成一幅图画。例如，你可以选择《海底世界》《神秘森林》等主题。

注意：删除舞台上与主题不匹配的角色，角色摆放时尽可能遵循"近大远小"的原则。

下图为《海底世界》及《神秘森林》主题的范例图。

海底世界

　　湛蓝的大海里生活着天真烂漫的小鱼、活泼的小虾、可爱的大海龟、漂亮的水母、奇异的海星……它们在珊瑚丛中嬉戏，在涌动的波浪下翩翩起舞。

　　你想象中的海底世界是什么样子的呢？我们一起来创作《海底世界》的作品吧！

1. 选取背景

从背景库中选取水下图片作为舞台背景图，具体步骤如下图所示。

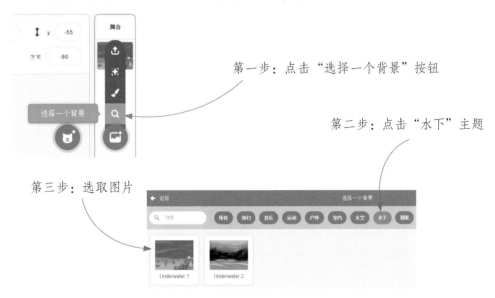

第一步：点击"选择一个背景"按钮

第二步：点击"水下"主题

第三步：选取图片

舞台背景选取好后，Scratch 软件系统默认的角色小猫出现在画面中就有些不合适了。根据第三课所学的删除角色方法，鼠标点击选中角色区内要删除的角色，点击角色图标右上角的"×"即可。

出现在水下的小猫

删除角色小猫

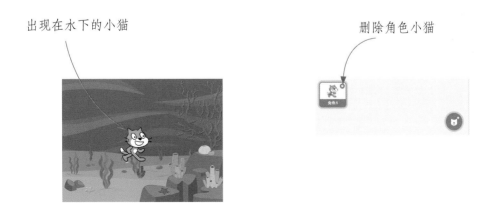

第四课

2. 选取角色

小朋友，你知道海底世界都有什么吗？用上节课学过的添加角色的方法，先添加一条小鱼和一位潜水员，如下图所示。

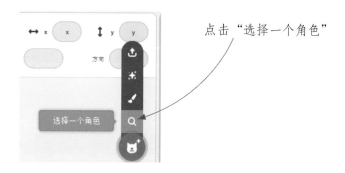

点击"选择一个角色"

移动鼠标至"动物"主题下的"Fish"时，该角色会不断发生变换，说明这个角色有多个不同的造型。

角色小鱼的 2 个造型

小贴士

造型就是角色的不同显示效果。如果你把自己当成一个角色，那么做不同动作的你就是不同的造型，但是不管怎么更改造型，本质上你还是你！理解了角色和造型，你就可以随心所欲地让角色"变魔术"啦！

移动鼠标至"人物"主题下的"Diver1"时，如右图所示，该角色并不会变换，说明该角色只有一个造型。

Diver1

导入小鱼和潜水员两个角色后，我们发现"Fish"角色看起来似乎比"Diver1"角色还要大。将"Fish"角色的大小设置为"60"，观察舞台上的"Fish"是变大还是变小？

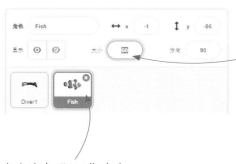

将"Fish"角色的大小设置为"60"

点击选中"Fish"角色

这回小鱼看上去比潜水员小了

3. 让角色动起来

到目前为止，我们的角色都还是"静止"的，既不会说话，也不会运动。那么，能赋予角色生命，让它动起来吗？要想让计算机听指挥，就需要给计算机下达"指令"，即编写程序。

下面，我们先让潜水员"Diver1"角色游动起来。选中"Diver1"角色，从指令积木区拖出 移动 10 步 指令块到脚本区。单击该指令块，你观察到了什么？是不是每点击一次，"Diver1"角色就会向右移动一下？

这是因为我们是通过指令块告诉计算机让"Diver1"角色往右边移动的。

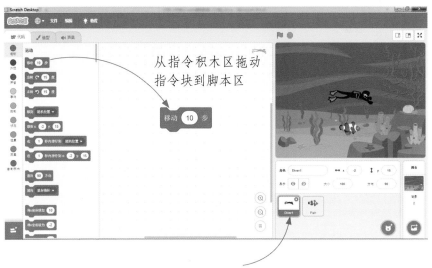

选中"Diver1"角色

那么，为什么单击指令块后"Diver1"角色是往右移动的呢？这是因为系统默认该角色的移动方向是"90"，即向右移动。你可以通过拖动 改变角色的移动方向，然后再点击该指令块试试。

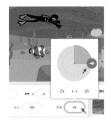

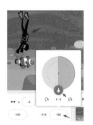

更改 移动 10 步 指令块中的参数"10"后，再次点击该指令块。聪明的你一定已经明白这个参数所代表的意义了吧？

如果需要一直点击指令块而让角色动起来，那就太麻烦了。让角色一直移动，可以看成让角色重复移动的动作，而这可以交给计算机来完成。在指令积木区找到 重复执行 指令块，并拖动到脚本区。观察该指令块中间的缺口是否和 移动 10 步 指令块的形状相匹配？拖动"移动 10 步"指令块到"重复执行"指令块中间的缺口处。仔细观察，你会发现这个缺口突然变大了，而且缺口的颜色也从白色变成了青灰色。松开鼠标后，"移动 10 步"指令块就顺利地嵌入"重复执行"指令块中了。原来它们是失散的一家人啊！具体添加步骤如下所示。

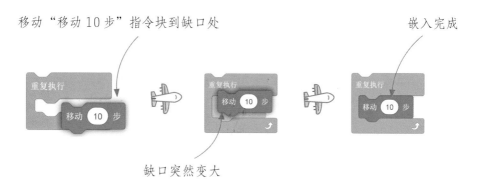

移动"移动 10 步"指令块到缺口处   嵌入完成

缺口突然变大

为了方便程序的执行，在脚本的最前面加上一个"帽子"指令块 当 🚩 被点击 ，它就像一个火车头，其他指令块都连接在"帽子"指令块下面并依次执行。当我们需要执行程序时，只需要点击舞台表演区左上角的 🚩 按钮；当需要停止程序执行时，点击 ⏺ 按钮。

点击下图所示的小绿旗，观察接下来有什么新变化。

不好，"Diver1"移动到舞台最右边的时候被"卡"住了，这可怎么办呀？我们在编写程序时总会出现这样或那样的BUG（中文翻译为"臭虫"，在计算机中一般表示程序错误），这是一种正常现象。并且，在解决这些BUG的过程中，我们能学到很多知识，获得成就感。

要想让角色在碰到舞台边缘时返回，可以在重复执行指令缺口中增加 碰到边缘就反弹 指令块。再次点击 🏳，是不是又有奇怪的事情发生了？我们发现角色碰到舞台边缘后除了会反弹，而且会旋转，这是因为角色的旋转模式是默认的"任意旋转" ↻ ，如左下图所示。如果你不希望角色进行旋转，那就将旋转方式改成"左右翻转" ▶◀ 。或者如右下图所示，在启动程序指令后增加 将旋转方式设为 左右翻转 ▼ 指令块，并根据角色移动速度将 移动 10 步 指令块参数设置为合适的大小。

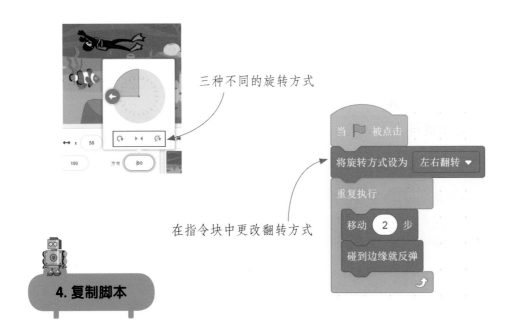

三种不同的旋转方式

在指令块中更改翻转方式

4. 复制脚本

"Fish"角色的动作和"Diver1"角色基本类似，可以将"Diver1"角色的脚本直接复制给"Fish"角色，并稍作修改。方法是拖动需要复制的脚

本到角色区内相应的角色图标上，等图标改变颜色并且产生轻微的晃动时，再松开鼠标。

将"Diver1"的脚本复制给"Fish"

选中"Fish"角色，看看脚本是不是已经复制过来了。再根据角色的速度，修改移动指令中的相应参数。思考一下：谁的游泳速度会更快一些呢？

5. 切换造型

让"Fish"角色在游动的过程中每隔一段时间切换一次造型，使整个作品看起来更有动感。如下图所示，增加"下一个造型"脚本后，再次点击▶时，以下两段脚本会同时执行。

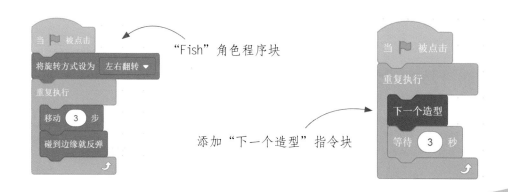

"Fish"角色程序块

添加"下一个造型"指令块

6.调整舞台大小

在 Scratch3.0 的舞台右上方有三个按钮 ，根据需求可以调整舞台窗口的大小。例如：点击 ⊠ 可以让舞台全屏模式播放，显示效果最好，再次点击 ⊠ 则切换回正常模式。

第一次点击 ⊠ 时的舞台效果

挑战自我

①找一找，角色库中还有哪些小动物可以生活在大海中。把它们一起请进我们的作品中吧！

②角色每隔几秒就能进行一次造型切换，那么舞台背景能否也进行切换造型？动手试一试吧！

温馨小提示：①给角色编写脚本前，最重要的是先选中对应的角色，给舞台编写脚本时也一样，可以把舞台理解成一个特殊的角色；②导入多张舞台背景后，可以删除多余的空白背景。

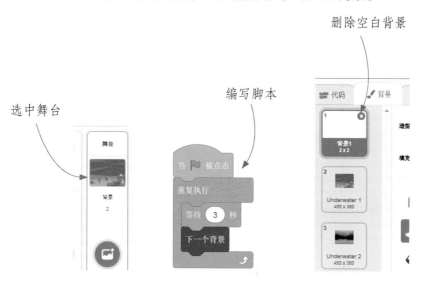

删除空白背景

编写脚本

选中舞台

小猫跳房子

小棒棒，细又长，黄土地上画房房。

小瓦片，四方方，我和伙伴来跳房。

房子宽，房子长，房间大小不一样。

左一跳，右一跳，好像青蛙跳水塘。

你也跳，我也跳，跳得西山落太阳。

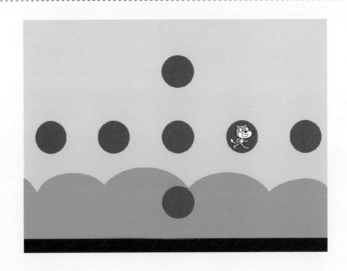

小朋友，你玩过跳房子的游戏吗？来吧，和小猫一起跳房子吧！

选取系统默认的小猫角色，在指令积木区找到"外观"和"运动"指令类下的两条相应指令，将小猫角色设置为合适的大小（例如"40"），并移动到舞台坐标（X:0,Y:0）处。

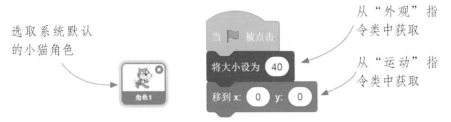

选取系统默认的小猫角色

当 🏳 被点击

将大小设为 40

移到 x: 0 y: 0

从"外观"指令类中获取

从"运动"指令类中获取

选择右下角的"舞台"，点击"背景"标签，打开舞台背景绘制页面。

选取"舞台"中的"背景"

点击"背景"标签

从系统背景库中导入坐标"Xy-grid"背景图，如右图所示。

Xy-grid

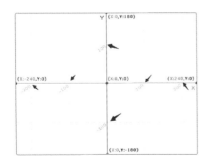

仔细观察坐标上红色箭头标记的"100""200"的位置，看看有什么规律。

选择"画笔"工具,并将"线宽"设置为"100",选择颜色为"蓝色"。

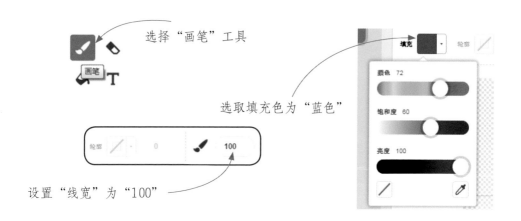

选择"画笔"工具

选取填充色为"蓝色"

设置"线宽"为"100"

沿 X 轴和 Y 轴,用画笔工具分别在包括原点(X:0,Y:0)在内的七个坐标点处画上同样大小的蓝色圆圈,如右图所示。

2. 设置角色运动方向

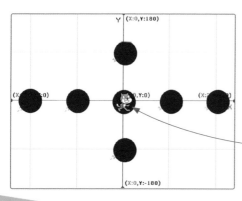

调整小猫到最上层

点击"代码"标签返回脚本编写页面,调整小猫角色使之处于最上层。

怎样才能控制小猫跳起来呢？可以用键盘上的"上下左右"方向键来帮助我们！

思考：下列指令块中的移动步数为什么刚好是 100 步？如果你的小猫不小心跳出了蓝色圆圈，找找是什么原因。

测试时我们发现小猫在行走过程中会头脚颠倒，只要把小猫的旋转模式改为"左右翻转"就能解决该问题，如右图所示。

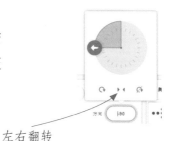

左右翻转

 **挑战自我**

①在舞台背景中增加更多的圆，给圆或背景填充颜色。

②设计游戏规则。例如，按下一个键让小猫从最左边的圆一步跳到最右边的圆中，或者从最下面的圆跳到最上面的圆中。

一起来踢球

　　绿茵场上，小小的足球在你、我、他的脚下传递着，球员们追逐着、拼搏着……只见雄健的一脚射门，哇，球进啦！顿时全场沸腾起来。

1. 导入角色

从角色库中导入小猫"Cat"、小狗"Dog2"、螃蟹"Crab"及足球"Soccer Ball"四个角色,并将这些角色移动到舞台合适的位置,如下图所示。

分别调整角色小猫、小狗、螃蟹、足球的大小为"80""60""50""80",将足球角色拖动到小猫角色的脚边。

调整不同角色的大小

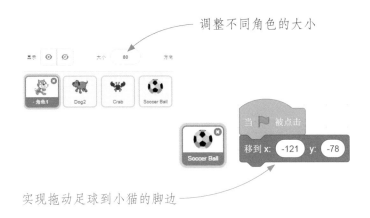

实现拖动足球到小猫的脚边

上述脚本一般用来定位角色的初始位置,以后我们经常要用到哦!

第六课

2. 移动角色

小猫把足球踢给小狗。将足球角色拖动到小狗角色脚下，如下图所示。

这时"运动"指令类下的指令块  表示足球角色在 1 秒钟内滑行到最新位置。

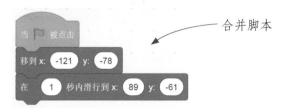

足球滑行到最新位置

将拖动足球的脚本和上述脚本拼接在一起，然后点击绿旗。观察足球角色是不是在 1 秒钟内从小猫脚下滑行到了小狗脚下。

合并脚本

试着增加或减少滑行的时间，体验足球的移动速度是如何变化的。

用同样的方法先让足球角色从小狗脚下滑行到螃蟹脚下，然后传递回小猫脚下，脚本如下图所示。

足球在小猫脚下

足球滑行到螃蟹脚下

足球滑行到小狗脚下

足球滑行到小猫脚下

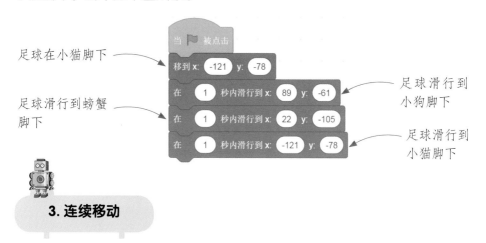

3. 连续移动

如果想让足球在三个小动物间连续传递三次，你有好办法吗？

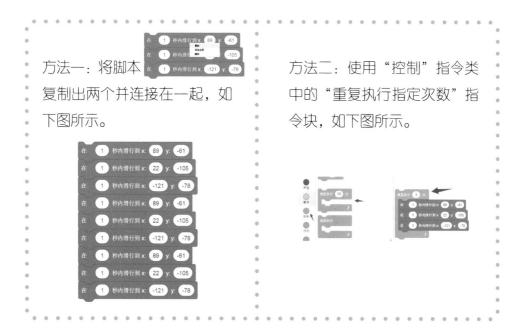

方法一：将脚本复制出两个并连接在一起，如下图所示。

方法二：使用"控制"指令类中的"重复执行指定次数"指令块，如下图所示。

判断一下：以上两种方法哪一种操作更简洁？

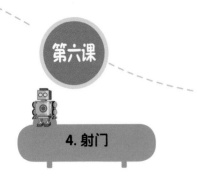

4. 射门

足球最后要射向哪里呢？当然是球门了。小朋友，你能帮助小猫把球射进球门吗？试一试，你一定行！

增加等待时间

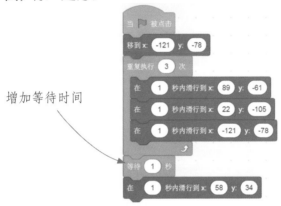

小猫憋足了气，"嗖"的一脚将球射向了球门。这里可以增加一个等待时间，让小猫做好射门的准备。

球进了以后我们是不是应该庆祝一下呢？用"外观"指令类下的"说，2 秒"来说出自己的心里话。作品完整的脚本如下图所示。

40

如何让足球在移动过程中改变颜色，实现酷炫效果？如下图所示，小朋友，你来试试吧！

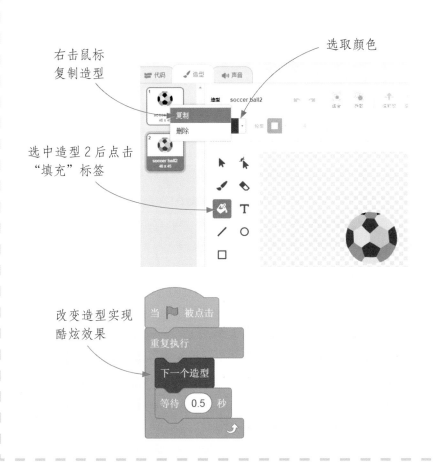

右击鼠标
复制造型

选取颜色

选中造型 2 后点击
"填充"标签

改变造型实现
酷炫效果

射门高手

想要成为赛场上的焦点，小猫付出了比别人更多的努力和汗水！你瞧，勤奋的小猫又在绿茵场上练习点球射门呢！

1. 导入角色

从背景库中选取足球场"Soccer2"作为舞台背景，并导入小猫"Cat"和足球"Soccer Ball"两个角色，位置摆放如下图所示。

2. 编写脚本

编写脚本，设置小猫及足球角色的初始位置及大小，如下图所示。

设置足球的初始位置及大小

设置小猫的初始位置及大小

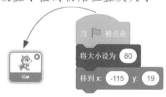

将小猫角色的旋转模式设置为"左右翻转"。编写脚本，通过控制键盘实现小猫在舞台上自由走动。

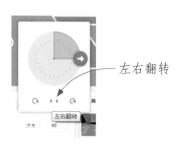

左右翻转

想一想：下列脚本中的"下一个造型"有什么作用?

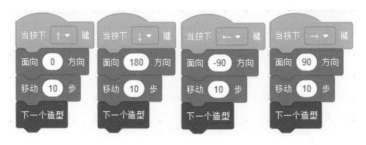

　　足球场上有两个球门，小猫可以选择任意一个进行射门。编写足球射向球门的脚本时，需要同时满足两个条件：①足球触碰到小猫，②按下射门键（由事先约定）。在"侦测"指令类中找到 `碰到 鼠标指针 ?` 和 `按下 空格 键?` 两个条件指令块，再使用"运算"指令类中的 `与` 指令块将条件指令块连接起来，表示需要同时满足两个条件，才能执行后续脚本。使用"控制"指令类中的 指令块进行条件判断，当六边形里的条件为真时，才会执行缺口中的指令块。如下图脚本所示，足球碰到小猫时，按下"A"键向左射门，按下"D"键向右射门。

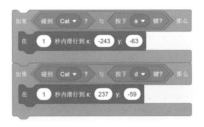

　　上述脚本还不能算完整的脚本。由于计算机的运行速度非常快，为方便侦测，通常会在条件判断指令块外面加上 `重复执行` 指令块，完整的脚本如下图所示。

3. 隐藏和显示

为了让足球射中球门后消失，我们在足球角色的脚本中先后加上 显示 和 隐藏 指令块。这两个指令块通常都是成对出现的。小朋友，你知道这是为什么吗？

为了让足球看上去更有动感，可以增加一段脚本让足球一直处于旋转的状态，如下图所示。

挑战自我

让程序实现自动判断小猫面对的方向。小猫只有面向相应球门时才能射门，射门成功后加上欢呼声，参考程序如下所示。

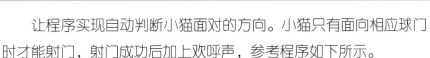

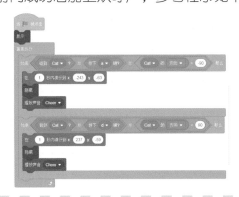

小猫捉老鼠

老鼠老鼠坏东西，偷喝油来偷吃米。

小猫小猫真机警，"喵呜"一声捉住你。

1. 面向角色移动

从角色库中选取小猫"Cat2"及老鼠
"Mouse1"角色，并设置小猫角色的大小
为"70"，老鼠角色的大小为"50"。

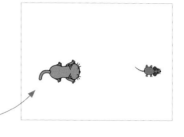

导入角色

编写小猫角色的脚本。小猫角色重复面向老鼠角色移动 5 步，表示小
猫以一定的速度追随老鼠移动。

编写小猫角色
脚本

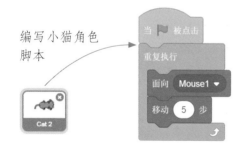

温馨小提示："重复执行"
脚本中一般用来放需要
反复执行的指令块。

2. 鼠标控制老鼠移动

小猫扑过来了，老鼠迅速逃跑以躲避小猫的追捕。能不能用鼠标控制老
鼠的移动，增加小猫捕捉老鼠的难度呢？要实现鼠标控制角色移动的效果，
可以用"运动"指令类中的 "移到鼠标指针"指令块，直接将角色移动到
鼠标指针所在的位置。

赶快为老鼠角色搭建脚本，实现跟随鼠标移动的效果吧！

编写老鼠角色的脚本，重复执行"移到鼠标指针"。

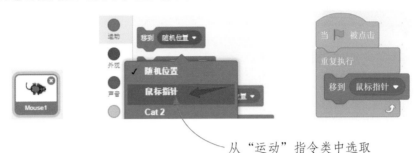

从"运动"指令类中选取

以上脚本能够保证程序执行时老鼠角色和鼠标指针同步移动，从而实现小猫追捕老鼠（鼠标）的效果。

3. 判断和侦测

游戏是不是越来越有趣啦？如果老鼠被小猫捉住了会怎么样呢？

一般情况下，老鼠被小猫捉到后，游戏就结束了。但是在这款游戏中，老鼠被小猫捉到后隐藏1秒，然后再次出现在舞台上，表示有新的老鼠出现，游戏继续。如左下图所示，"如果……那么……"指令块一般作判断条件用。

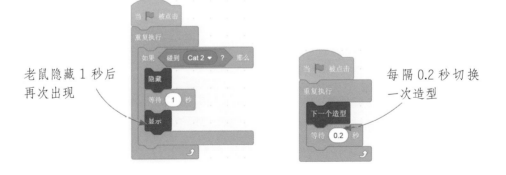

老鼠隐藏1秒后
再次出现

每隔0.2秒切换
一次造型

为了让老鼠角色在作品中更生动形象，可以在脚本中执行每隔一定时间切换一次造型。别忘了先选中老鼠角色，参考脚本如右上图所示。

4. 变量计分

"猫捉老鼠"是一款经典的小游戏，想知道你游戏中的小猫有多厉害吗？我们可以用分数来记录！创建一个新的变量，命名为"分数"，选择"适用于所有角色"，点击"确定"按钮。修改前文中的脚本，让小猫抓到老鼠时可以增加分数。

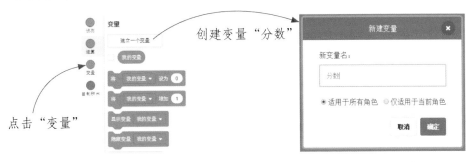

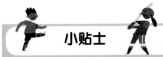

变量可以理解为一个存放东西的黑盒子，每当有新东西放进去，就会替换原来的东西。

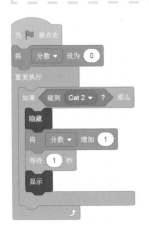

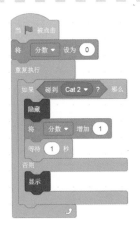

仔细观察，左边两段脚本有什么区别？

想一想：为什么在程序执行时要先把变量"分数"的值设定为"0"？

5. 老鼠换衣服

在游戏过程中，这只顽皮的小老鼠通过不断换衣服来迷惑小猫，参考脚本如下图所示。

你还有别的办法给小老鼠换衣服吗？

为舞台选择一个合适的背景，实现变量计分后的舞台如下图所示。

程序启动后，老鼠跑动起来时，尾巴会左右摇摆。小猫同样也能做到，只要复制小猫的造型，然后在新造型上进行修改，让小猫角色在跑动时尾巴左右摇摆，如下所示。

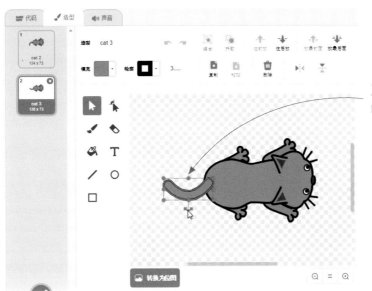

更改小猫尾巴的方向

挑战自我

程序开始时，先设定一个起始分数（如 20 分），小猫每抓到一次老鼠，分数便扣减 1 分。小朋友，和你的小伙伴们比一比，看谁的小猫能用最短的时间捉到全部老鼠，那它就是当之无愧的冠军啦！

小猫闯迷宫

小朋友，你走过迷宫吗？在迷宫里探险是不是既刺激又有趣？快来看，小猫的迷宫探险开始了，你猜：它能找到礼物吗？

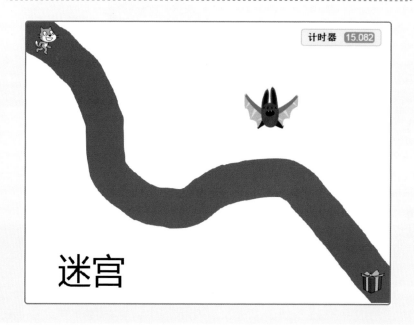

计时器 15.082

迷宫

1. 绘制背景

选择舞台背景，点击"背景"标签，然后选择 ✏ 工具并设置填充颜色，将线宽值设置为最大，在白色的背景上绘制你喜欢的迷宫图，参考下图所示。

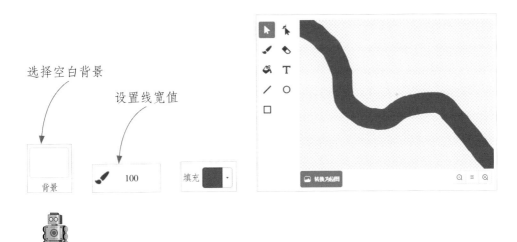

选择空白背景

设置线宽值

2. 选取相关角色

从角色库中选取礼物"Gift"角色，并将小猫和礼物分别放置在迷宫的起点和终点，同时调整角色的大小和位置，如下所示。

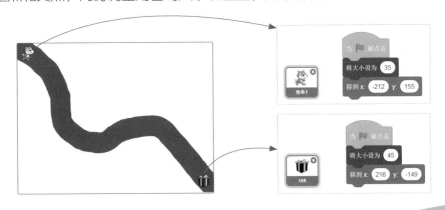

3. 编写脚本

选择小猫角色，并编写脚本使之可以用键盘上的"上下左右"键控制其在舞台上自由移动。在小猫移动时，利用"下一个造型"指令块让小猫的脚步动起来，脚本如下图所示。注意：把小猫角色的旋转模式设置为 ▶◀（左右翻转）。

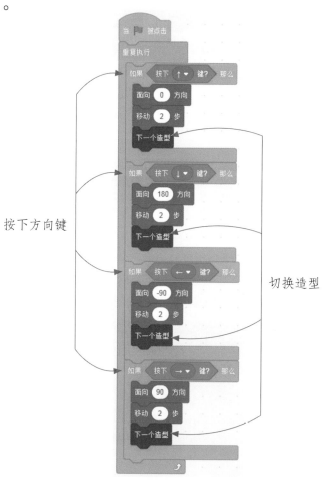

按下方向键

切换造型

想一想：这里的键盘控制移动脚本和第五课中的有什么不同？如何让小猫每次移动时的速度不同？

4. 制定规则

编写脚本，实现当小猫角色移动到迷宫边缘（即白色区域）时，在 1 秒钟内返回起点。

上述脚本用到了颜色判断，其中需要侦测的颜色可以通过点击 从舞台上的任一位置获得，如下图所示。

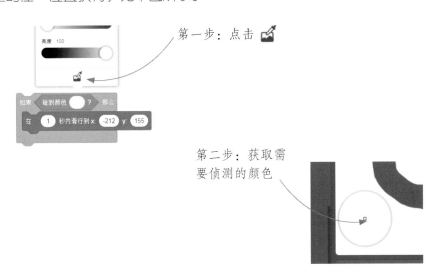

第一步：点击

第二步：获取需要侦测的颜色

编写脚本，实现当小猫角色碰到礼物角色时，给小猫点赞，并停止程序。

编写小猫碰到礼物时的脚本

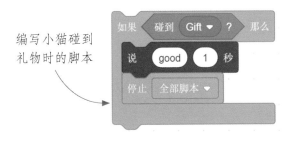

第九课

将以上两段程序块放入小猫移动的脚本中，如右图所示。

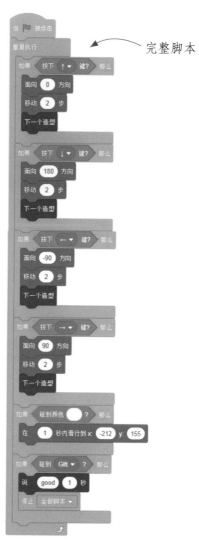

完整脚本

5. 添加"计时器"

添加"计时器"指令块。比一比，谁是闯迷宫的高手，能在最短的时间内取得礼物？

从"侦测"指令类中选取

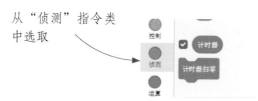

56

使用上述"计时器"指令块时,你发现 BUG 了吗?当停止所有脚本时,"计时器"却停不下来,这会严重影响准确性和时效性。如果将"计时器"的数据实时储存在一个变量中,并显示在舞台上,这会是一个不错的解决办法,如下图所示。小朋友,你还有更好的办法来解决这个问题吗?

将实时数据储存在变量"计时"中

在舞台中显示"计时器"

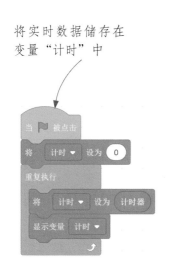

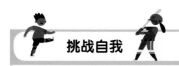

①小猫碰到礼物后,礼物消失或放大一倍。

②在背景图案上绘制"迷宫"二字。

③增加一个黑蝙蝠角色,使其在迷宫中来回巡逻。如果小猫在移动过程中不小心碰到了黑蝙蝠,将会发生什么呢?快来为游戏制定新的规则吧!

小猫做加法

　　小猫不但是一个运动健儿，还是一个爱学习的宝宝，尤其是它的口算能力，那绝对是一流，不信？那你来和它比一比吧！

1. 导入角色

导入小猫角色及一张舞台背景图。

2. 引入变量

选择小猫角色，新建两个变量"A"和"B"。

分别将变量"A"和"B"设定为"在 1 和 9 之间取随机数"。其中，"随机数"指令块可以在"运算"指令类中获得。

小贴士

假设一个不透明的盒子里有 9 个小球，分别标有 1、2、3、4、5、6、7、8、9 九个数字。每次只能从盒子里取出一个小球，而小球上标记的数字就是这一次所产生的随机数。

第十课

3. 询问和回答

利用"侦测"指令类下的"询问"和"回答"两个指令块来设置问题，并等待回答结果。

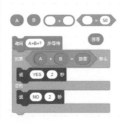

如果侦测到"回答"的内容与"A+B"的结果相同，那么判断为"正确"，否则判断为"错误"。

将上述脚本放置在"重复执行"指令块中，实现一直出题的功能。完整的程序脚本如右图所示。

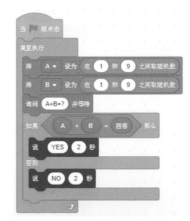

4. 运行程序

点击绿旗运行程序，舞台的左上方出现"A""B"两个变量，并显示其当前产生的随机数，舞台下方出现一个对话框，等待你输入回答内容。

对话框

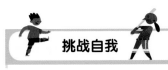
①每运行程序一次，出 10 道加法题，并统计做对了几道题。

参考程序和参考界面如下：

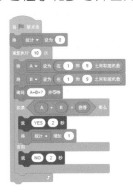

② 小猫想帮助老鼠拿到舞台另一端的苹果，但是小猫只有连续答对 10 道题，老鼠才能够顺利移动到苹果边（答对一次移动 30 步），你能帮助它们实现吗？

老鼠角色的参考脚本如右图所示。

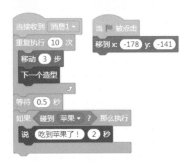

小猫接甜甜圈

　　小猫最爱吃甜甜圈了，可是猫妈妈说甜食吃多了会长蛀牙，每天只允许小猫吃一个，这可馋坏我们的小猫了。一天，小猫做了一个梦，梦见天上掉下了数不尽的甜甜圈，小猫接了一个又一个，把小肚子撑得鼓鼓的……

从系统背景库中导入"Xy-grid"作为舞台背景。

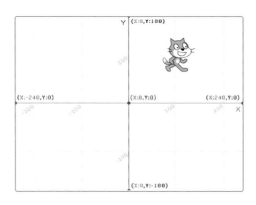

将小猫角色大小设置为"70"，并通过"移到"指令块将其坐标依次设置为 `移到x: 0 y: 0`、`移到x: 0 y: 180`、`移到x: 0 y: -180`、`移到x: 240 y: 0`、`移到x: -240 y: 0`，观察小猫角色在舞台上的位置，并说说你的发现。

我的发现

在 Scratch 中，角色在舞台上的位置用坐标（X, Y）来表示。舞台宽度是 480，范围为 –240 ~ 240，称为 X 坐标；高度是 360，范围为 –180 ~ 180，称为 Y 坐标。它们交叉的位置就是舞台的中心，坐标为（X:0, Y:0）。

如下图所示，编写脚本，设定小猫角色在舞台上的位置为（X:100, Y:100）。仔细观察，舞台下方的角色信息区也会有当前角色的坐标位置。

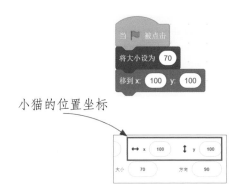

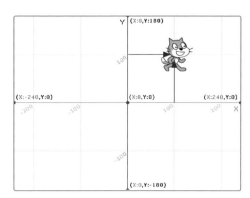

小猫的位置坐标

观察舞台上坐标为（X:100，Y:100）的小猫位置，图中用两个红色的箭头做了标识。思考一下：该坐标是以小猫角色的哪个部位来确定的？请在后文中寻找答案！

2. 改变造型中心

点击"造型"标签，用选择工具  将小猫角色移动到窗口的一边，隐藏在角色下方的"造型中心"小图标 便显露出来，该图标的中心坐标就是小猫角色的坐标。

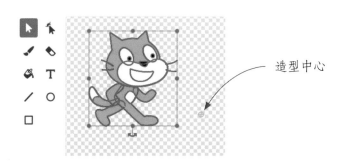

造型中心

通过拖动角色改变位置来设置造型新的中心。比如，移动小猫角色，使其尾巴尖刚好覆盖"造型中心"图标 ⊕ ，则此时小猫角色的坐标即其尾巴尖的坐标。

舞台上每一个角色的当前位置都由（X, Y）坐标来确定，而这个坐标表示的点也就是角色的中心。

选择舞台标签 舞台 ，点击当前背景右上角的 ⊗ 将其删除。

点击删除当前背景

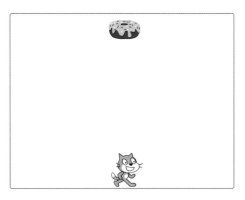

导入另一个角色甜甜圈"Donut"，设置大小为"50"。将甜甜圈和小猫分别拖至舞台的上方和下方，如上图所示。

3. 编写小猫角色脚本

本作品中的小猫只被允许在舞台最下方水平方向（即左右）随着鼠标来回移动，而不能上下移动。通过"运动"指令类下的"移到"指令块，确定小猫角色当前位置的坐标是 移到 x: -30 y: -140 。分析作品要实现的功能，判断小猫的 Y 坐标保持不变，而小猫的 X 坐标值保持和鼠标的 X 坐标值一致即可，如下图所示。

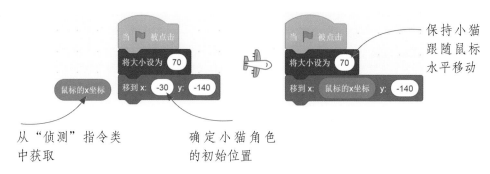

保持小猫跟随鼠标水平移动

从"侦测"指令类中获取

确定小猫角色的初始位置

记得加上重复执行指令块。 碰到边缘就反弹 指令块可以让小猫角色碰到边缘后反弹，且将角色的旋转模式设置为"左右翻转"。

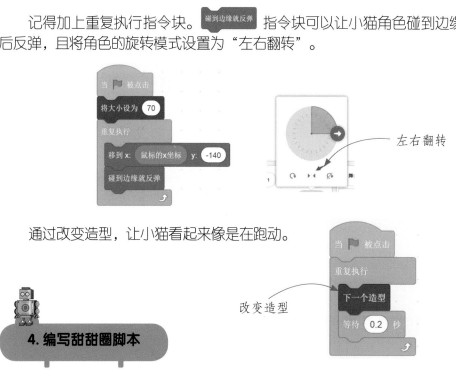

左右翻转

通过改变造型，让小猫看起来像是在跑动。

改变造型

4. 编写甜甜圈脚本

本作品中的甜甜圈角色从舞台最上方的随机位置出现并往下落。根据分析可知，程序开始时保持甜甜圈角色的 Y 坐标值为 180 不变，X 坐标值设置为随机数（注意：随机数的范围是 −200 ～ 200，而不是 −240 ～ 240，

确保甜甜圈不会出现在舞台边缘），如下图所示。

那么，如何让甜甜圈从舞台上方下落呢？可以让角色重复执行"面向下方，移动指定的步数"一定的次数，如下图所示。你知道"重复执行36次"和"移动10步"两个指令块间的关系吗？前文中提到从舞台最上方移到最下方需要360步，而数字"36"和"10"的乘积就是角色需要移动的步数。修改重复执行的次数和移动的步数可以改变甜甜圈下落的速度，但要保证这两个数相乘的结果还是"360"。以下三段脚本都可以让甜甜圈角色下落360步，可是速度大不相同。体验一下它们的区别在哪里。

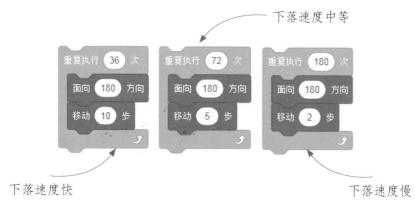

甜甜圈落下来后，会"赖"在舞台上不肯走，可以通过"隐藏"指令块请走它。

如右图所示，该脚本可以实现甜甜圈在舞台上方的随机位置出现，然后下落到舞台下方，随后消失。

本作品中，小猫角色接到不同颜色的甜甜圈后会产生不同的结果，下文以三个不同颜色的甜甜圈为例。选定角色区内的甜甜圈角色，点击右键"复制"产生第二个、第三个甜甜圈角色，分别用造型中的"油漆桶"工具漆出不同的颜色，如下图所示。

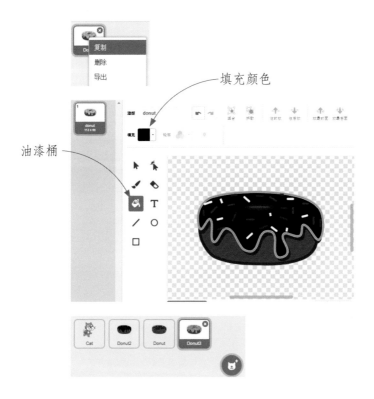

通过测试我们发现三个甜甜圈同时出现在舞台上，怎样才能让它们逐一出现呢？试试"隐藏"和"等待？秒"这两个指令块，看看能否帮到你。

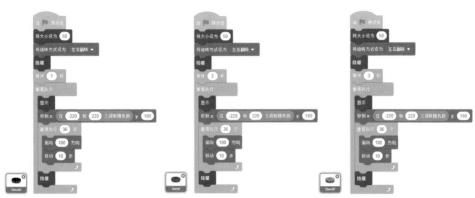

小朋友，你发现了吗？我们编写的程序需要经过不断的调试，才能最终实现完美的效果。

5. 编写小猫 接住甜甜圈脚本

先创建一个新的变量"分数"，用于记录成绩。

本作品中，小猫碰到黑色的甜甜圈，扣除一定的分数；碰到红色的甜甜圈，增加一定的分数；碰到绿色的甜甜圈，则直接结束程序。选中黑色甜甜圈角色，编写如下脚本：

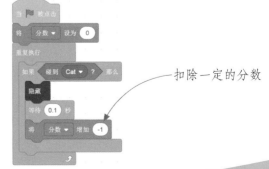

扣除一定的分数

完成黑色甜甜圈的脚本编写后，由于红色和绿色甜甜圈的脚本与黑色甜甜圈的较为相似，所以可以直接复制黑色甜甜圈的脚本并进行修改。方法是直接用鼠标把相应脚本拖到对应的角色上，然后松开鼠标，如下图所示。

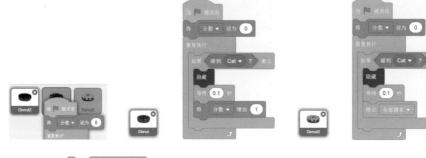

其中，停止 全部脚本 ▼ 指令块在"控制"指令类中。

6. 编写游戏结束背景脚本

选择"舞台"上的"背景"标签，添加一个新的舞台背景"Blue Sky"。选中系统默写的空白舞台背景"背景1"，写上文字"GAME OVER"，表示游戏结束。当小猫接到绿色甜甜圈时，"广播消息"给舞台，舞台接收消息后显示相应背景。

小贴士

"广播"是专门负责在角色之间传递消息的指令。消息的接收者可以是舞台上的所有角色，包括消息发送者本身和舞台。

修改绿色甜甜圈角色的脚本，如下图所示：

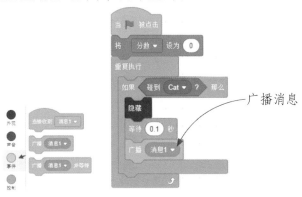

编写舞台背景的脚本，如下所示：

温馨小提示：编写舞台背景的脚本时，不能使用"运动"指令类中的积木指令块，可以把舞台看成一个特殊的角色。

挑战自我

①分数每增加 5 分，小猫角色的大小及颜色改变一次。

②增加一个快速下落的发光道具，当小猫接到发光道具时，舞台上所有的甜甜圈立即消失，3 秒后再出现，同时小猫获得一次性奖励 5 分。

小猫闯密室

　　一天，小猫在寻找食物的过程中，不小心掉进了密室里。这个密室内的道路非常曲折复杂，通往出口的通道只有一条，并且还有守卫者在通道内来回游弋，一旦遇到可就麻烦了。

　　让我们一起开启智慧之门，帮助小猫勇闯密室。

1. 绘制舞台背景

绘图板上有很多工具可以帮助我们绘制出各种形状，将绘制好的形状组合在一起，一幅密室地图就制作完成了。使用"矩形""填充"等工具，在默认的舞台背景上绘制如下图所示的密室图。

点击"填充"，
选择颜色

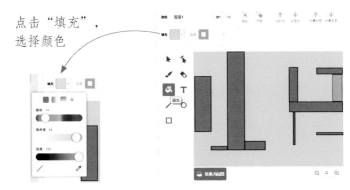

2. 导入角色

由于密室内的通道狭小细长，游戏中的小猫想要顺利通过，身体要更小才行。为了游戏能顺利进行，我们截取小猫角色的一部分代表整体。选中小猫角色"造型1"，先拆散小猫的头部和身体，按下键盘上的"Delete"键，将身体部分删除，只保留小猫头部。

拆散小猫的头部和身体

删除小猫的身体部分

选中小猫头部，点击 按钮后删除小猫的胡须，最后的小猫角色如下图所示。

删除小猫的胡须部分

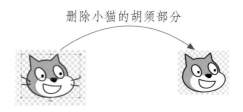

将修改后的小猫角色放在舞台的起始位置，并调整大小，以其刚好能在密室通道里自由穿行为佳。

小猫角色的初始脚本

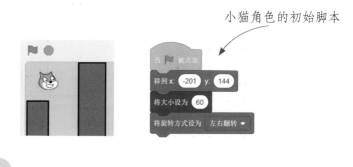

3. 键盘控制小猫

在前面的课程中，我们学习了两种用键盘控制角色移动的方法，下面我们一起来学第三种方法吧!

当角色在水平方向移动时，X坐标会发生变化：向左移动，X坐标值变小；向右移动，X坐标值变大。当角色在竖直方向移动时，则Y坐标会发生变化：向上移动，Y坐标值变大；向下移动，Y坐标值减小。根据以上原理，可以通过增减坐标值来控制角色移动，编写脚本如下所示。

如果只有以上脚本，程序执行后，小猫即使碰到墙壁也有可能穿墙而过，这样的游戏就称不上闯密室了。那么，如何实现墙壁阻挡小猫继续前进的功能呢？如下图所示的脚本，即能实现该功能。以向上移动为例：小猫角色先向上移动 2 步（Y 坐标值增加 2），同时侦测识别墙壁的颜色，如果是黑色，则小猫角色向下移动 2 步（Y 坐标值增加 –2），即小猫触碰到墙壁时不会继续前进。

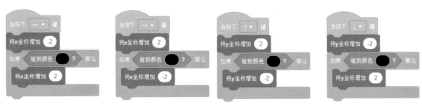

4.设置机关门

为了增加游戏的趣味性，可以在密室里增加一道能够移动的机关门。小猫只有拿到钥匙时，才能顺利通过这道机关门。机关门可以通过新建角色 绘制 🖌 来创建。

创建机关门角色 ➡️

导入钥匙"Key"角色。当小猫碰到钥匙时，广播"消息 1"给舞台上的所有角色。

导入角色

机关门的两种打开方式：

（1）机关门角色收到广播"消息 1"后，向上移动一定的位置后打开通道。

（2）将机关门造型的最左端设置为中心，并重新确定机关门的初始位置及方向，如下图所示。当机关门角色收到广播"消息1"时，逆时针旋转90度，打开通道。

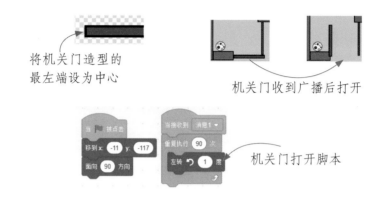

将机关门造型的最左端设为中心

机关门收到广播后打开

机关门打开脚本

"Key"角色收到广播"消息1"后隐藏。

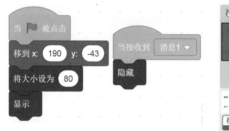
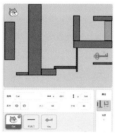

5. 设置通关宝物

小猫只有拿到宝物七彩球，才能找到出口。但是，小猫拿到宝物的同时，也会触发隐藏在通道中巡逻的守卫者前来阻止小猫的前进。增加"计数"变量，用来判断小猫是否拿到了宝物。

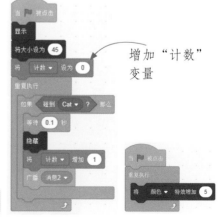

增加"计数"变量

七彩球角色通过不断增加颜色特效值来实现变化的效果。七彩球角色碰到小猫角色时会先隐藏，然后"计数"变量增加1，并发出广播"消息2"。

两个躲在密室里巡逻的小动物守卫者收到广播"消息2"后显示，并在通道里来回游弋。

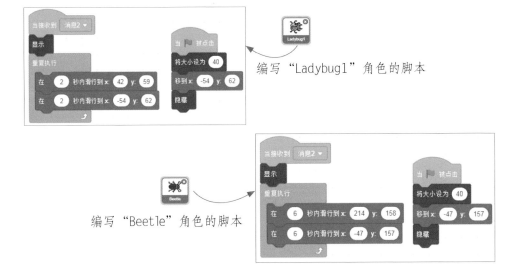

编写"Ladybug1"角色的脚本

编写"Beetle"角色的脚本

新建一个"出口标记"角色，接到广播"消息2"后显示。

6. 增加武士

武士"Knight"角色在界面最下方的长廊处来回游荡，阻止小猫顺利通过。

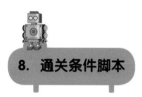

7. 小猫触碰到阻挡者

小猫在前行的道路上碰到密室中的任何一个阻挡者，都会被赶回起点，相应脚本如右图所示。

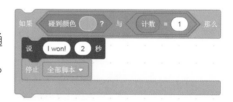

8. 通关条件脚本

小猫拿到七彩球，并且碰到代表通关的颜色时，游戏胜出，脚本如右图所示。

给上述判断指令块脚本套上"重复执行"指令，完整的脚本如左图所示。

为游戏添加 ☑ 计时器 模块，和同学比一比谁的通关用时最短。

添加计时模块

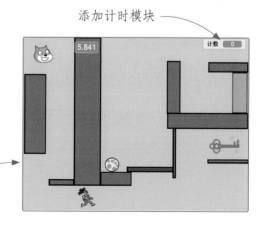

游戏开始时的界面

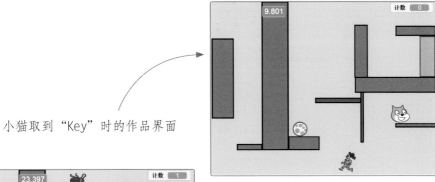

小猫取到"Key"时的作品界面

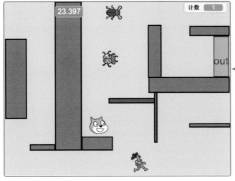

小猫获得"七彩球"时的作品界面

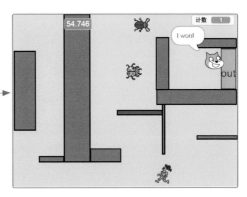

游戏过关时的界面

挑战自我

　　发挥你的想象力，为密室增加第二、第三个不同的关卡。每通过一关关卡，游戏会自动跳转到下一关，动手玩转起来吧！

小猫学绘画

  小猫过生日，好友豆豆送了一件让它爱不释手的礼物——繁花曲线规。这个神奇的装置经过不同的旋转能绘制出一个个美妙的图案。"Scratch 里的画笔工具能不能也绘制出这些图案呢？"带着这个疑问，小猫开启了神奇的绘图之旅。

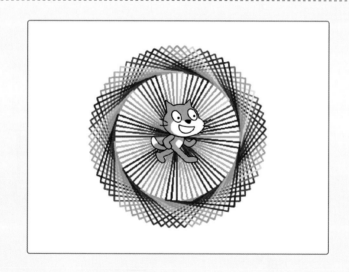

1. 添加画笔模块

Scratch3.0 的"画笔"功能模块需要我们单独添加。点击指令积木区下方的"添加扩展"按钮，选择"画笔"模块，指令积木区内出现"画笔"相关指令，如下图所示。

"画笔"功能模块的相关指令

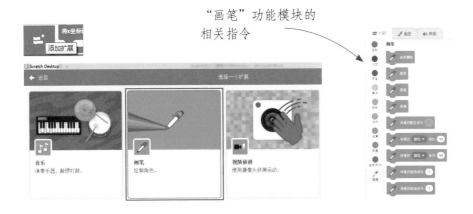

利用"画笔"模块里的这些指令块，就可以在 Scratch 舞台上自由绘画啦！

2. 画一个点

刚开始写字时，我们一般会先在白纸上画一个点来试试笔。那么，怎么才能在 Scratch 的舞台上画出一个点呢？先用"落笔"指令，再用"抬笔"指令，就可以画出一个点。

小猫画出的点被遮挡了

程序执行后好像没有什么变化！移开小猫角色，这才发现舞台上原来已经有一个蓝色的小点了，只是被小猫挡在了身后！继续改变画笔的颜色及粗细程序，再次执行程序，效果如下图所示。

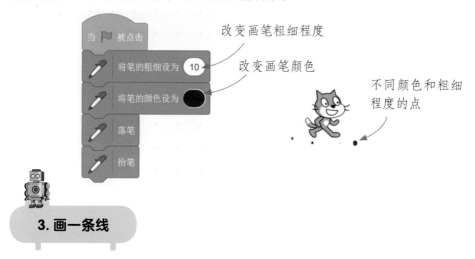

改变画笔粗细程度

改变画笔颜色

不同颜色和粗细程度的点

3. 画一条线

之前试着画点时，画布被涂乱了，要怎么清除呢？试一试，鼠标双击 全部擦除 指令块，画布是不是又恢复到了原来的样子？

如何画直线呢？我们先设置好起始点，然后让小猫前进 10 步，但是程序执行后舞台上看不出明显的效果。把前进的步数直接设置为"100"，重新执行程序，一条直线就被小猫画出来了，如下图所示。

保证起始画布干净

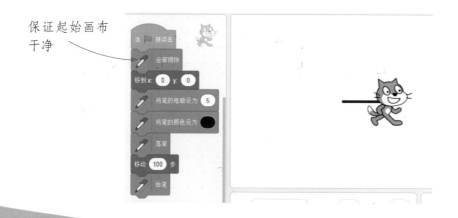

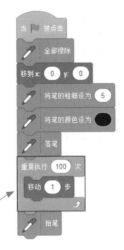

↑ 将"前进100步"脚本改成重复执行

小猫造型的中心

由于计算机的程序运行速度极快，小猫画线的动作几乎无法直观地看到。对上述脚本稍作修改，如左图脚本所示，同样是前进100步，但画线的过程清晰可见。

小朋友，你有没有发现，小猫好像在用身体画线？试着调整小猫造型的中心到后脚跟，再次测试程序，执行效果如右上图所示。

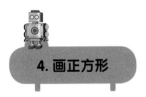

4. 画正方形

学会了怎么画直线，那么画正方形就相对容易啦！正方形的四条边相等，四个角都是90度。画完一条直线后旋转90度，画出另一条相同长度的边。

注意：开始绘画前先设置小猫的面向方向，程序脚本如右图所示。

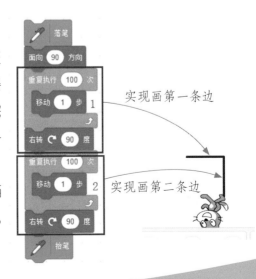

实现画第一条边

实现画第二条边

根据上述脚本，发现画两条边的脚本是完全相同的，因此可以使用固定次数循环指令块来优化脚本。将"前进100步然后向右旋转90度"的程序重复执行4次，就能画出正方形了，脚本及效果如右图所示。

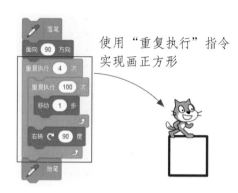

使用"重复执行"指令实现画正方形

脚本中 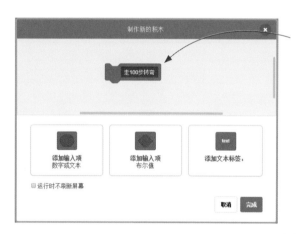 这段代码可以使用 ● 功能来简化。点击 自制积木 按钮，在对话框中输入自制积木的名称，点击"完成"按钮。将脚本区内相应的代码挂在这个帽子指令块下面即可！

将相应代码挂在该指令块下

经过程序优化后，小猫走正方形完整的代码如右图所示。

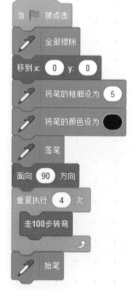

试一试：按照上面的规律，画出正三角形。

→ 边或角的数量

→ 边长

→ 旋转角度

 知识加油站

　　绘制正多边形的关键是旋转外角的度数。此外，重复执行的次数与旋转角度的度数也密切相关，它们的乘积是360。如：绘制正三角形时，循环次数是3，每次旋转的角度就是360÷3=120度。

根据这个规律，我们也可以使用 运算 模块中的 〇/〇 指令块快速算出旋转度数，如：右转↻ 360 / 3 度。

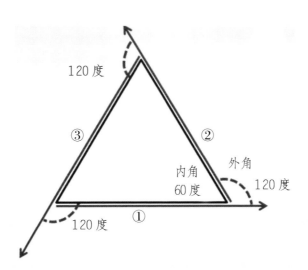

5. 画万花筒

小猫想画一个由正方形旋转而成的万花筒。那么，需要旋转正方形多少次才能画出一个万花筒呢？物体旋转一周是360度，如果每画完一个正方形就旋转5度，那么总共需要旋转360÷5=72次，即总共需要画出72个正方形才能拼出一个万花筒。将画正方形的脚本自定义成积木，可以使程序更简洁，如右图所示。

每画好一个正方形，可以改变一次颜色，这样画出来的万花筒就会五彩缤纷。完整脚本及运行效果如下图所示。

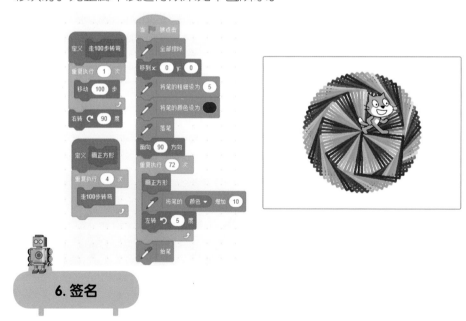

6. 签名

用画笔工具画出漂亮的图案后，小猫非常开心，它很想在作品上签上自己的名字，你能帮助小猫实现这个心愿吗？

从系统中导入一个新的角色铅笔"Pencil"，将其中心设置在笔尖位置。

铅笔造型的中心

编写如下脚本,当按下空格键时,你就可以用鼠标指挥舞台上的铅笔签名啦!

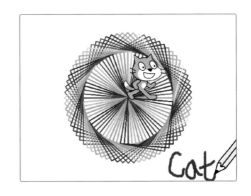

 挑战自我

① 让小猫画一个线条粗细为 "5" 的多彩线条圆,参考脚本如下。

② 小猫还想画一个奥运五环标志,你能帮助它吗?

会聊天的小猫

随着 AI（人工智能）技术的逐步普及，人们可以和越来越多的智能设备进行顺畅地互动。很多小朋友也很想和 Scratch 中的小猫聊天呢！今天我们就用 Scratch 来实现一只会和你聊天的小猫。

1. 简易版聊天小猫

简易版的聊天小猫可以根据问题进行回答，如果该问题和事先设定好的问题相同，则回答相对应的内容，优点是可以比较精确地回答你的问题。但是，如果你的问题超出了事先设定的内容范围，那么简易版的聊天小猫就没法回答你的问题了。通过 询问 What's your name? 并等待 指令，可以输入问候语句及相应的提示语句，如 询问 嗨，很高兴见到你。（"我喜欢你"、"我讨厌你"、"讲个笑话"、"唱首歌"、"88"） 并等待 。然后利用判断语句，根据问题的内容作出相应的回答，如下图所示。

对所有能想到的问题进行预判，完成脚本编写，如右图所示。

建议勾上"侦测"指令类下的"回答" ☑回答 指令块，可以随时查看问题。

第十四课

2.升级版聊天小猫

使用列表功能记录回答内容，使脚本可以随机调用列表中的内容来回答你的问题，实现相对智能的回答。

注意：回答内容无需精确，要尽可能设置得模糊一些。

（1）在"变量"指令类下建立一个新的列表"聊天"。

知识加油站

列表好比一个容器，里面装有相同特征的、按一定顺序排列的数据。创建好的列表中可以添加（删除）一个或多个元素。列表中储存的元素也可以根据程序需求随时调取、使用。

（2）去掉列表"聊天"前的勾，避免影响屏幕显示。

（3）把预设的回答内容依次加入这个列表中，如右图所示。

当 ▶ 被点击
将 嗯嗯 加入 聊天 ▼
将 说得有理 加入 聊天 ▼
将 我也是这么想的 加入 聊天 ▼
将 接下来呢？ 加入 聊天 ▼
将 别着急，慢慢说 加入 聊天 ▼
将 你真会说话 加入 聊天 ▼
将 酱紫 加入 聊天 ▼
将 可以说得具体一点吗？ 加入 聊天 ▼

（4）运用"询问"指令功能，先抛出一个问题。

（5）回答时，用列表中事先存储好的随机回答内容来完成模糊应对。

（6）重复执行模糊回答。

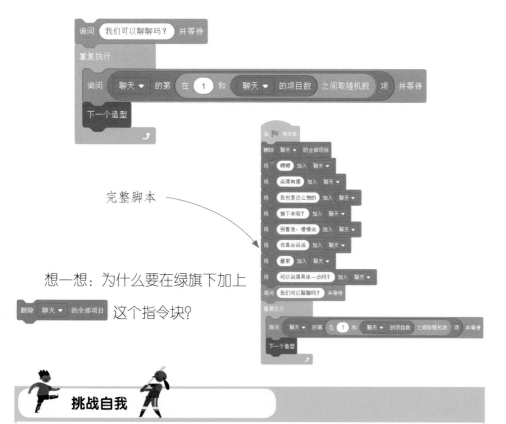

完整脚本

想一想：为什么要在绿旗下加上 删除 聊天▼ 的全部项目 这个指令块？

让小猫在回答不同问题时做出不同的动作和表情，让你的 AI 小猫显得更智能。

水果切切切

你玩过体感游戏吗？只需要将手在空中轻轻一挥，就可以控制屏幕中的角色移动、变形、发出声音……快跟小猫一起来玩隔空切水果的游戏吧！

1. 开启摄像头

在编写脚本前，先做一些准备工作。

（1）将摄像头和计算机连接。有些笔记本和一体机自带摄像头，只需打开开关。

（2）打开 Scratch3.0，添加"视频侦测"模块，具体步骤如下图所示。

在指令积木区点击"扩展"添加"视频侦测"模块

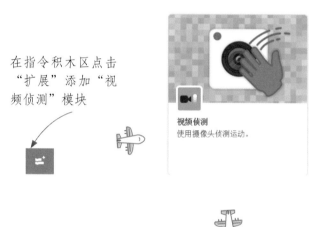

（3）快看，舞台上出现了什么？是不是最熟悉的你自己呀？如果画面比较模糊，试着改变 将视频透明度设为 50 指令块中的参数，然后说说你的发现。

知识加油站

　　"视频透明度"的参数范围是0%～100%，系统默认值为50%。该值越小，画面越透明、清晰；该值越大，画面越浑浊，接近白色。

　　为了后续编写人机交互体感游戏时画面清晰度高、效果好，请将"视频透明度"参数设置成较小值，在本作品中请设置成0 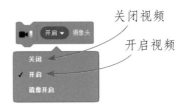。

　　温馨·小·贴士：如果视频的开启影响到了程序的编写，可以先将视频关闭，需要时再开启。

2. 变幻造型

　　从角色库中导入西瓜"Watermelon"角色。

Watermelon

点击"造型"标签，可知西瓜角色有三个造型"watermelon-a"
"watermelon-b""watermelon-c"，删除本游戏中不需要的造型 3
"watermelon-c"。

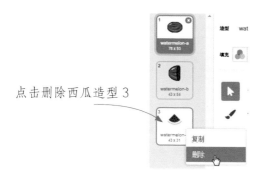

点击删除西瓜造型 3

想象一下，西瓜造型 1 "watermelon-a"被切开后，应该会有两瓣西瓜，
而西瓜造型 2 "watermelon-b"中只有一瓣西瓜，并不能表示切开后的西瓜，
但是通过改变"watermelon-b"可以获得被切开后的西瓜。具体步骤如下
所示。

单击"选择"工具，鼠标移至瓜皮位置出现蓝色选框，单击瓜皮将其选中。

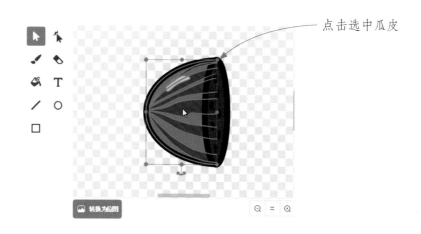

点击选中瓜皮

单击绘图板上方的"复制"按钮，然后在绘图板空白处单击鼠标，再单击绘图板上方的"粘贴"按钮，复制瓜皮部分。

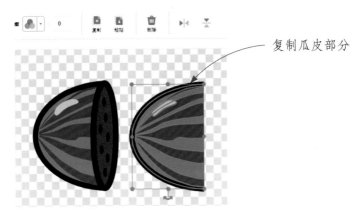

复制瓜皮部分

按住"旋转"按钮，将瓜皮旋转至合适的角度，并调整瓜皮的位置。

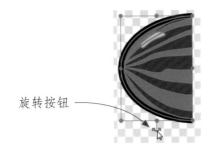

旋转按钮

如下图所示，改造后的西瓜造型"watermelon-b"就制作完成了。

"watermelon-b"造型

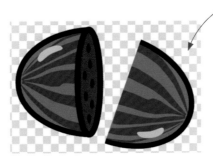

3. 水果切切切

西瓜以造型 "watermelon-a" 从舞台下方上升至舞台上方，再坠落下来，然后隐藏，脚本如下图所示。

"watermelon-a" 的脚本

舞台上出现的西瓜角色怎样才能被我们的手切成两瓣呢？"视频侦测"模块中的 相对于 角色 的视频 运动 指令块可以侦测手势动作在角色上的幅度，但是这个指令块不能单独使用，需要和"如果……那么……"指令块一起使用。你可以参考下列程序体验一下，当手对准角色变换手势时，水果被切开的造型变化。

观察该指令块的下拉按钮中的其他选项，你知道那都是什么意思呢？

 } 侦测在舞台或角色上的动作参数值，用 0 ~100 表示动作幅度的大小，值越大需要的动作幅度越大。

 } 侦测在舞台或角色上的动作方向值，通过对 –180 ~ 180 范围内数值的比较来完成体感设置。

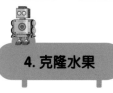

4. 克隆水果

现在我们已经实现用手将舞台上的西瓜切成两瓣了！可是舞台上只有一个西瓜，这样的游戏太简单了，可以使用 克隆 自己 和 当作为克隆体启动时 指令块让更多的西瓜出现在舞台上。

（1）点击绿旗，实现西瓜克隆自己。当西瓜在舞台上出现时，如果侦测到手的动作幅度大于 30，就切换西瓜的造型。

点击绿旗测试一下效果吧！

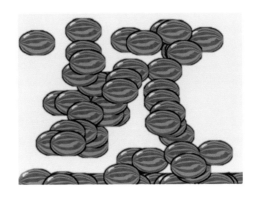

（2）如果西瓜被克隆出太多，可以调整克隆的速度，让其变慢一点。

调整克隆的速度

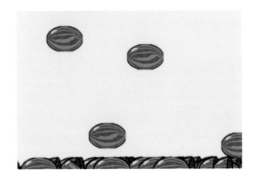

（3）被切开的西瓜都堆积到舞台下方了。当克隆体用完后，可以使用

删除此克隆体 指令块将克隆体从舞台上删除。

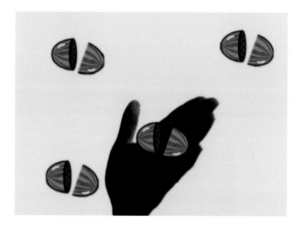

（4）为了让西瓜在上移和下落的过程中更自然，可以加上旋转脚本，不过旋转的角度参数不宜设置得过大。

角色可以使用 指令块创建出自己的克隆体， 指令块是用来触发克隆体的。克隆体除了继承原角色的所有状态外，还可以对其编写新的脚本。

挑战自我

①加上变量和计时来统计切水果的个数。

②试一试，在自己设计的游戏中添加水果炸弹。

挑战肺活量

　　小猫去体检，医生让它对着麦克风吹口气，以此来测量肺活量。小猫使出了全身的力气，吹得面红耳赤，腮帮子都痛了。小朋友，你也来试试，看看你的肺活量能达到多少。

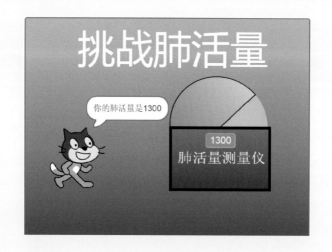

我们先来分析一下，如果要制作这样一件作品，需要解决哪些问题?

1. 如何测量肺活量?

对着电脑麦克风吹气时，"侦测"指令类下的"响度"会变大，响度值大于某个值（阈值）的持续时间与肺活量有关。肺活量是指在不限时间的情况下，一次最大吸气后再尽最大能力所呼出的气体量，代表着肺一次最大的机能活动量。小朋友，你也深吸一口气，然后对着麦克风吹气，响度值会不断变大，当持续超过阈值时，该时间内的数值累加值即为当前测得的肺活量。

计算机的主机上通常有两个插孔——麦克风插孔和耳机插孔，只要将麦克风插入对应的孔里就可以使用 Scratch3.0 软件中的"响度"功能来侦测外界的声音了。

2. 如何避免错误动作?

为了防止误触发的干扰，可以根据安静环境下的响度值来确定阈值及启动值，且启动值要大于阈值。只有当侦测到的响度值大于启动值时，才开始计算肺活量，而响度值小于阈值时则停止计算肺活量。因此，创建相关变量并设置初值如右图所示。

3. 如何体现肺活量?

最简单的方法是直接让小猫说出肺活量值。不过如果能用一个仪器以动画的形式将肺活量展示出来那就更完美了,如下图所示。

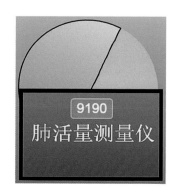

4. 如何表现出小猫面红耳赤的效果?

方法一:给小猫角色创建多个造型,造型中脸的颜色由正常颜色向红色过渡。小猫吹气时,根据吹气持续的时间切换造型。

方法二:将小猫角色分解成身子和脑袋两个角色,如下图所示,而在具体使用时,将两个角色摆放在一起组成一个完整的小猫。只需要根据吹气持续的时间改变脑袋角色的颜色特效值即可。

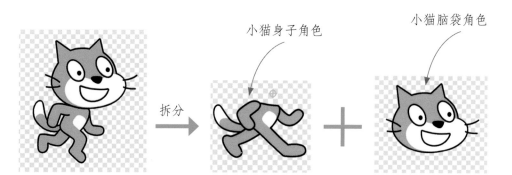

小猫身子角色

小猫脑袋角色

拆分

在本课中，我们采用方法二，创建相关变量并设置初始值如左下图所示。

相关变量及初始值

测试肺活量时小猫面红耳赤的效果

接下来我们一起编写本作品相关角色的脚本。

1. 编写小猫身子脚本

确定小猫身子的初始位置。

初始位置

2. 编写小猫脑袋脚本

进行初始化设置，将小猫脑袋移至小猫身子所在的位置，注意调整角色造型的中心位置，设置好相关变量的初始值并进行文字提示。

按下空格键后程序启动，先初始化然后进行倒计时，当侦测到外界声音的"响度"大于变量"启动值"时，发送广播通知"遮挡物"开始进行动画演示。

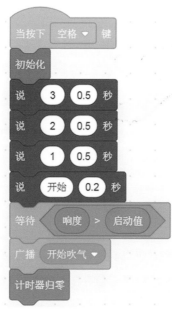

当满足"响度"小于事先设置好的"阈值"或者吹气时间超过 16 秒时，发送相应广播显示小猫取得的肺活量成绩。否则，一直增加"肺活量"值并根据"持续时间"不断改变角色的颜色特效。 ☑ 肺活量 显示在舞台标题上方。注意：在如下所示的脚本中，吹气时间超过 16 秒就认为爆表了，这个时间值也可以自行设定。

当接收到"下一段"广播后，先显示成绩或记录提醒，然后广播"结束吹气"让演示动画恢复到初始状态。

连接 你的肺活量是 和 肺活量 指令块表示将"你的肺活量是"和"肺活量"字符串连接在一起。

3. 编写表盘角色的脚本

　　为了形象地演示肺活量的大小，我们用一个杏色的圆来表示表盘区域。将这个圆置于最底层，上面用另一种颜色的半圆形遮挡物来遮挡，而没有被遮挡住的区域用来表示肺活量的大小。

表盘区域

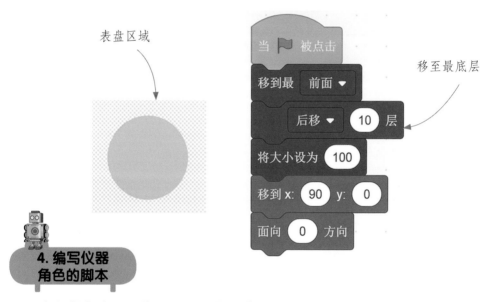

移至最底层

4. 编写仪器角色的脚本

　　仪器角色有两个作用：一是显示作品的标题，二是用来遮挡表盘的下半圆。该角色需要移至最上层。

肺活量测量仪

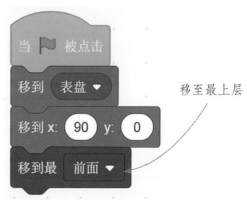

移至最上层

5. 编写遮挡物角色的脚本

遮挡物主要用来挡住杏色的圆，默认位置与杏色的圆位置重合。吹气时，遮挡物会根据吹气时间逆时针旋转一定角度，露出杏色椭圆部分。

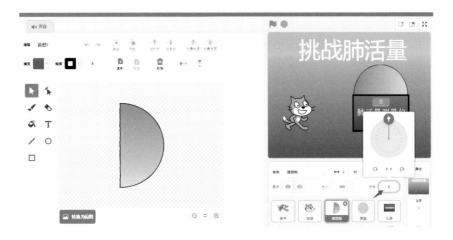

将该角色的层次设置在仪器角色与表盘角色之间，注意要将中心设置在半圆的圆心上。

当接收到广播"开始吹气"时，该角色面向的方向随着吹气"持续时间"的增加而逆时针旋转。

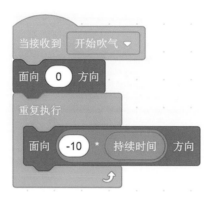

下面四图分别为面向方向为"0""–30""–60""–120"时的效果图。

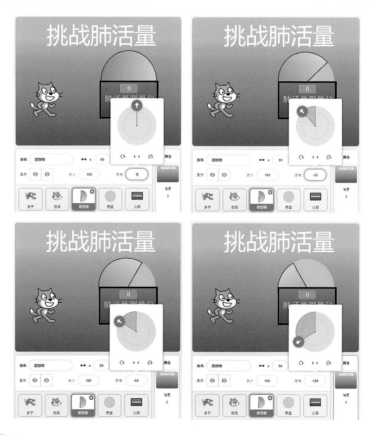

当接收到"结束吹气"广播时，遮挡物反向旋转直至回到原来的方向。

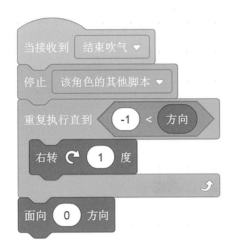

测试一下，看看是否实现了我们想要的效果吧。

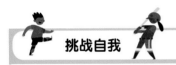

发挥你的想象力，制作一个用声音控制吹泡泡的作品，效果如下图所示。

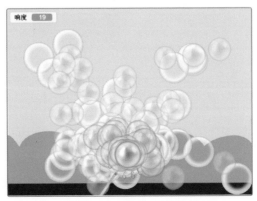

教你一招：
用 PowerPoint
绘制作品角色

　　为了方便初学者，在前面的课例中我们基本采用 Scratch 软件自带的角色来制作作品。虽然 Scratch 软件也自带了绘图功能，但该功能过于简单，绘制得到的角色有时不能满足我们的需求。其实，用 PowerPoint 软件的自选图形功能来绘制角色，也是一个非常不错的选择。下面以小朋友们非常喜欢的《吃豆人》游戏作品来举例说明。

　　1. 启动 PowerPoint 软件，新建一个空白页面，然后在右键菜单中选择"版式"中的"空白"。

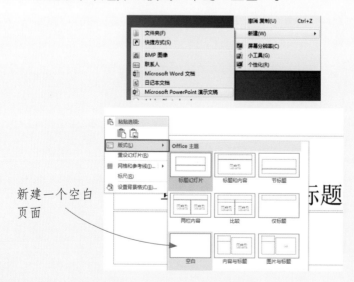

新建一个空白页面

2. 点击菜单"插入"下的"形状"，选择"饼形"。按下键盘上"Shift"键的同时鼠标拖动画出如右下图所示的形状。

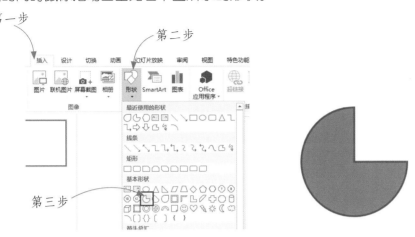

3. 将窗口显示比例设置为 300% ⊟ — — — + 300% 。选中图形，点击右键菜单选择"大小和位置"选项。勾选"锁定纵横比"后，将高度和宽度都设置成 2 厘米。

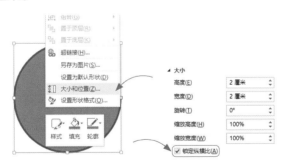

4. 再次选中绘制对象，通过鼠标拖动两个黄色的小方块句柄来调整"吃豆人"形状嘴巴的大小。

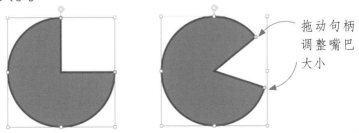

拖动句柄
调整嘴巴
大小

5. 选中绘制对象，在"格式"菜单中分别把"形状填充"和"形状轮廓"颜色设置为黄色和黑色。

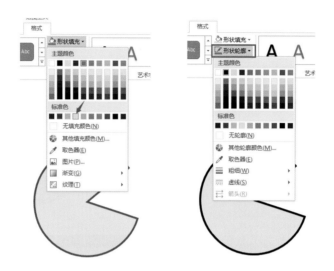

6. 按住"Shift"键绘制两个小圆，颜色分别为黑色和白色，长宽分别设置为 0.15 厘米和 0.05 厘米，然后利用键盘上的"上下左右"移动键，将这两个小圆移到合适的位置（可以同时按下"Ctrl"键来微调位置），表示吃豆人的眼睛，如下图所示。

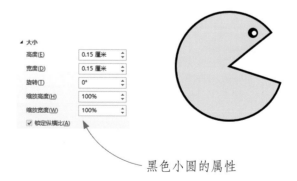

黑色小圆的属性

7. 用鼠标自左上到右下拖动选中所有图形，点击右键选择"组合"，将所有图形组合成一个整体。

8. 选中绘制对象，按下键盘上的"Ctrl"键，同时拖动鼠标"复制"出更多的吃豆人形象。在绘制对象上慢速单击两次，利用黄色小方块句柄更改这些形状的开口大小，模拟嘴巴不同的张开状态，同时也可以添加其他元素，例如绘制红色椭圆并置于底层来表示吃豆人的舌头。

9. 至此，在 PowerPoint 软件里的角色绘制工作完成了！你可以充分发挥想象力，利用丰富的自选图形工具绘制出更有创意的吃豆人形象。下面这些吃豆人形象可都是同学们自己绘制完成的！

10. 绘制好的角色形象首先要保存成图片才能导入 Scratch 软件中。选中绘制好的造型，在右击菜单中选择"另存为图片"。在弹出的对话框中确认文件名及存储路径。注意，这里默认的文件扩展名为".png"。

11. 启动 Scratch3.0 软件，选择"上传角色"，导入"造型 1.png"文件。

12. 点击"造型"标签，依次导入其他造型图片。

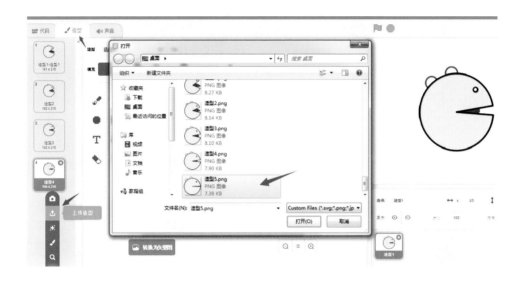

13. 通过鼠标拖动，将角色的五个造型调整如下，并编写脚本，测试造型切换是否正常。

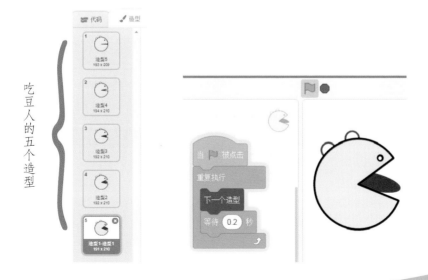

14. 有了自己亲手绘制的角色造型，游戏作品是不是更酷了呢？好了，接下来吃豆人游戏作品就由你自己来完成吧。

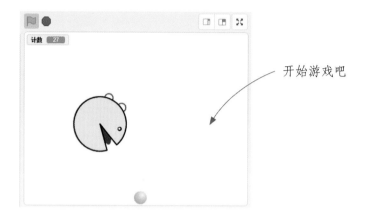

开始游戏吧

责任编辑　王旭霞
装帧设计　巢倩慧
责任校对　高余朵
责任印制　汪立峰

图书在版编目（ＣＩＰ）数据

边玩边学 Scratch3.0 少儿趣味编程 / 刘金鹏，刘丽娟，余江林主编 . -- 杭州 ：浙江摄影出版社，2019.10（2021.10 重印）

ISBN 978-7-5514-2656-5

Ⅰ . ①边… Ⅱ . ①刘… ②刘… ③余… Ⅲ . ①程序设计－少儿读物 Ⅳ . ① TP311.1-49

中国版本图书馆 CIP 数据核字（2019）第 212241 号

BIAN WAN BIAN XUE SCRATCH 3.0 SHAOER QUWEI BIANCHENG

边玩边学 Scratch 3.0 少儿趣味编程

刘金鹏　主编
刘丽娟　余江林　副主编

全国百佳图书出版单位
浙江摄影出版社出版发行
　　　地址：杭州市体育场路 347 号
　　　邮编：310006
　　　网址：www.photo.zjcb.com
　　　电话：0571-85151082
制版：浙江新华图文制作有限公司
印刷：浙江兴发印务有限公司
开本：710mm×1000mm　1/16
印张：8.5
2019 年 10 月第 1 版　2021 年 10 月第 2 次印刷
ISBN 978-7-5514-2656-5
定价：32.00 元